古典文獻研究輯刊

二 編

潘美月・杜潔祥 主編

第 2 冊

南宋出版家陳起研究

黃 韻 靜 著

國家圖書館出版品預行編目資料

南宋出版家陳起研究／黃韻靜著 — 初版 — 台北縣永和市：花
木蘭文化出版社，2006〔民95〕
目 2+ 182 面；19×26 公分（古典文獻研究輯刊 二編；第 2 冊）

ISBN：986-7128-22-2〔精裝〕
1.（宋）陳起－學術思想 2. 出版業－中國－南宋（1127-1279）

487.709252   95003545

ISBN 986712822-2

9 789867 128225

古典文獻研究輯刊
二 編 第 二 冊   ISBN：986-7128-22-2

南宋出版家陳起研究

作　　者　黃韻靜
主　　編　潘美月　杜潔祥
企劃出版　北京大學文化資源研究中心
出　　版　花木蘭文化出版社
發 行 所　花木蘭文化出版社
發 行 人　高小娟
聯絡地址　台北縣永和市中正路五九五號七樓之三
　　　　　電話：02-2923-1455／傳真：02-2923-1452
電子信箱　sut81518@ms59.hinet.net
初　　版　2006 年 3 月
定　　價　二編 20 冊（精裝）新台幣 31,000 元

南宋出版家陳起研究

黃韻靜　著

作者簡介

黃韻靜，台灣台南市人。東海大學中國文學研究所修業期間，師事潘美月教授，研究版本、目錄學，撰碩士論文《南宋出版家陳起研究》。現任崑山科技大學通識教育中心講師。

提　　要

　　宋代刻書文化發達，民間書鋪刊刻之功實不可沒，而陳起特別是南宋臨安坊刻之巨擘，在中國古代出版史上具有重要地位，其所刻書被歸為「書棚本」，在版本學上很受重視。然而因為有關陳起之文獻資料並不多見，形成許多問題糾葛不清，以致現今研究出版史或版本學者，雖然對於陳起及其所刻之書棚本持肯定、重視的態度，但對一些特定問題並非相當瞭解，甚且有一些誤解！本文藉著全面的整理研究，期望能釐清一些問題，以使中國出版業之先驅陳起及其出版事業能夠被更正確地知悉！本文根據現存文獻，全面呈現陳起之輯書、刻書面貌，其中對陳起、陳思、陳續芸關係之考辨，以及各牌記之考辨、輯書承傳各本的考辨，則是筆者覺得比較有價值的部分。

目錄

緒　論

　　雕版印刷發明之後，出版品逐漸增多，到了宋代，印刷術得到進一步改良，出版業遂日益興盛。宋代出版品在形制上之精美，乃爲後世賞鑑家所珍視之主要原因。此外，今日因宋本時代久遠，較接近原本，故宋本之內容，亦頗受重視。

　　宋本於後世雖廣受讚譽，然而宋代刻書地點相當多，其中亦有優劣。宋葉夢得《石林燕語》卷八：「今天下印書，以杭州爲上，蜀本次之，福建最下。京師比歲印板，殆不減杭州，但紙不佳。蜀與福建多以柔木刻之，取其易成而速售，故不能工。福建本幾遍天下，正以其易成故也。」可見當時以杭刻爲翹楚，而南宋臨安之坊刻，則不得不首推陳起之「陳宅書籍鋪」。

　　兩宋私家刻書，據《天祿琳琅書目》〈茶晏詩〉所言，以：「趙、韓、陳、岳、廖、余、汪」爲最著名，其中「陳」指陳起，乃屬坊刻。坊刻多以盈利爲目的，遠不如家刻之量少質精，然而陳起以坊刻躋身於家刻佼佼者中，由此可看出陳起在出版史上自有不容忽視之地位，故現今研究出版史或版本學之書，每當介紹宋代坊刻，無不談及陳起之書籍鋪。

　　歷來關於陳起之研究，大致可分兩類：由於陳起所輯之《江湖集》，乃研究江湖詩派之重要資料，故有從文學史角度來看待陳起，其中以胡明《南宋詩人論》﹝註1﹞及梁昆《宋詩派別論》﹝註2﹞介紹較詳。而研究江湖詩派之論文亦不少，其中可以台灣鄭亞薇博士論文《南宋江湖詩派研究》﹝註3﹞及大陸張宏生博士論文《江湖詩派研究》﹝註4﹞爲代表；張宏生之論文中，不僅以文學角度看待陳起之組織作用，

﹝註1﹞胡明，《南宋詩人論》（學生書局，民國79年6月）。
﹝註2﹞梁昆，《宋詩派別論》（東昇出版事業公司，1980年5月）。
﹝註3﹞鄭亞薇，《南宋江湖詩派研究》（1981年政大中文研究所博士論文）。
﹝註4﹞張宏生，《江湖詩派研究》（1989年南京大學中文研究所博士論文）。

對於陳起之交遊及其輯書，亦曾詳考，然由於其重點乃擺在江湖詩派上，對於陳起及其輯書，則未深入探討。

另一類則從古籍整理之角度看待陳起：在書籍方面，以稍長篇幅介紹陳起者，大抵僅潘師美月之《宋代藏書家考》〔註 5〕；能有更進一步探討者，唯顧志興先生之《浙江出版史研究》〔註 6〕；而對於陳起及其輯書刻書，首先提出較多問題且能較深入探討者，則推葉德輝之《書林清話》。本文對於《書林清話》之說法，大多有所辨證，可詳閱各章節之考辨；另外，在論文方面則有：潘師美月〈南宋最著名的出版家〉〔註 7〕、張瑞君〈江湖集、江湖前後續集的刊行及江湖派的鑑定〉〔註 8〕、劉毅強〈江湖集叢刊所收詩文補考〉〔註 9〕、吳庠〈南宋書棚本江湖小集記略〉〔註 10〕、胡念貽〈南宋江湖前後續集的編纂和流傳〉〔註 11〕、長澤規矩也〈宋朝私刻本考〉〔註 12〕等，這些論文或囿於篇幅，未能全面整理，或限於研究材料，見解稍有不足。故本文擬以出版家之角度，期將陳起及其出版事業作一較完整之呈現。

第一章介紹陳起之生平：宋代有關陳起生平之資料，唯《瀛奎律髓》、《齊東野語》、《鶴林玉露》略有記載。本文在資料不足，無法為他繫年作譜之情況下，採以傳記方式，將其遺留《芸居乙稿》、《芸居遺詩》之作品分析整理，期由這些陳起親自記載之資料中，瞭解一位出版家之志趣及生活。

陳起生平資料匱乏，其家世僅能考出尚有一子續芸，由於後世不明其父子與同時代同地點（南宋臨安）另一鬻書人陳思之關係，導致為《江湖集》所輯佚之書，編者有陳思、陳起兩種記載；而今《兩宋名賢小集》標明為陳思編，陳世隆補；作補者陳世隆，究為陳思或陳起之孫，亦關係著《兩宋名賢小集》編者之標明，故這些人之間的關係，必需作一個釐清。另外，陳起所交遊多為江湖詩人，其向友朋索詩刊印，或友朋求其印行，皆與他出版事業有著密切之關係，由於陳

〔註 5〕潘美月，《宋代藏書家考》（學海出版社，1980 年 4 月）。

〔註 6〕顧志興，《浙江出版史研究》（浙江人民出版社，1991 年 5 月）。

〔註 7〕潘美月，〈南宋最著名的出版家〉（《故宮文物月刊》2 卷 3 期）。

〔註 8〕張瑞君，〈江湖集、江湖前後續集的刊行及江湖派的鑑定〉（《文獻》43 期，1990 年 1 月）。

〔註 9〕劉毅強，〈江湖集叢刊所收詩人補考〉（《華東師範大學學報》，1991 年第 3 期）。

〔註 10〕吳庠，〈南宋書棚本江湖小集記略〉（《國立中央圖館館刊》復刊第二期，1947 年 6 月）。

〔註 11〕胡念貽，〈南宋江湖前後續集的編纂和流傳〉（《中國古代文學論稿》，上海古籍出版社）。

〔註 12〕長澤規矩也，〈宋朝私刻本考〉（上）（《書誌學》1～3.5 昭和 8 年）。

起之交遊已有兩篇論文詳考過〔註13〕，本文不再一一介紹。僅揀擇與陳起出版事業較有關係之友朋，以爲討論。

　　輯書、刻書乃陳起一生最大之成就與貢獻。陳起所輯之《江湖集》與當時江湖詩派之文學組織有關，此外，《江湖集》所引起之江湖詩禍，又與南宋政治脫不了關係，故第二章首先討論當時文學及政治之背景。《江湖集》引起詩禍之後，於南宋寶慶初年，即慘遭劈板，原貌已不可見，幸而由明至清一直持續著輯佚熱潮，至今可知載爲陳起名下之輯書，名目不一，內容參差有異。南京大學張宏生先生已於永樂大典《江湖集》叢刊及大陸現存《群賢小集》叢刊，各書中所收之詩人作一整理，本文繼而整理台灣現存《群賢小集》叢刊，列表於後，並以宋代目錄書及雜記中所載，推測出南宋《江湖集》所刊刻之部分詩人。第二節將後世所輯佚之書列表整理之後，於第三節逐一再作介紹。第四節則討論明代永樂大典《江湖集》叢刊、清代《群賢小集》叢刊、四庫全書本《江湖小集》、《江湖後集》之成書及承傳，其中對於承傳之版本，亦有所考辨。

　　第三章、第四章刻書考，乃搜尋、整理現存藏書志，以「陳宅書籍鋪」、「陳解元書籍鋪」、「陳道人書籍鋪」及未標明牌記之書棚本四類分別介紹。「陳宅書籍鋪」、「陳解元書籍鋪」確爲陳起刻書之牌記，然歷來對於陳解元究指何人？「陳解元書籍鋪」究爲陳起或爲其子續芸之牌記？「陳道人書籍鋪」究爲陳起或爲陳思所有？這些問題，葉德輝《書林清話》中雖略有討論，然並無詳考，此皆爲本文著力釐清之處。

　　第五章書棚本相關問題討論，乃繼輯書、刻書考訂之後，歸納出陳宅書棚本之特色、評價及影響。由於書棚本至今無一標準定義，故本文擬由藏書志中，檢查賞鑑版本之藏書家，其當時所使用之「書棚本」究爲何義？期將「書棚本」之本義還原。

　　本文將陳起定位於出版家，討論其出版背景及出版事業。而由於陳起在出版史上之地位，早已受到肯定，故本文之撰寫目的，並非著重於闡揚陳起出版史上之成就，而在釐清陳宅書籍鋪所刻之書，期於後世肯定陳宅書棚本之同時，亦能有一個全面且正確之瞭解。

〔註13〕張宏生，〈江湖集編者陳起交遊考〉（《文學遺產》42 期，1983 年 4 月；胡益民、周月亮，〈江湖集編者陳起交遊續考〉，《文獻》，1991 年第 1 期，頁 16）。

第一章　陳起相關問題討論

第一節　陳起之生平

　　陳起字宗之，號芸居，人稱「陳道人」、「陳解元」〔註1〕南宋臨安府錢塘人〔註2〕，生卒年不詳，至遲於宋孝宗淳熙十三年（1186）出生，而約於宋理宗寶祐四年（1256）去世〔註3〕，享年至少有七十歲〔註4〕。共歷孝宗、光宗、寧宗、理宗四朝。現存著作有《芸居乙稿》、《芸居遺詩》各一卷〔註5〕。

　　陳起之家世，由黃文雷《挽芸居》：「芸葉一窗千古在，好將事業付佳兒」及朱繼芳《贈續芸》：「誰謂芸居死，餘香解返魂，六丁將不去，孤子續猶存」二詩，唯知陳起有一子名續芸，於起死後，仍繼承書肆之事業。

　　陳起開肆鬻書為生，寓居於臨安府棚北大街睦親坊南，臨安為當時南宋首府，呈現繁華且多元化景象，睦親坊俗呼宗學巷〔註6〕，在禁城九廂坊巷中，是頗具文

〔註1〕（1）方回《瀛奎律髓》卷四十二：「此所謂賣書陳彥才（按：疑「彥才」為「秀才」之誤），亦曰陳道人。」

　　　　（2）《兩宋名賢小集》中《芸居乙稿》有陳起小傳：「陳起字宗之，錢塘人，寧宗時鄉貢第一，人稱『陳解元』，居睦親坊，開肆鬻書，自稱『陳道人』。」

〔註2〕同前註。

〔註3〕據張至龍《雪林刪餘自序》提到：「芸居先生就摘稿中拈出律絕各數首，名曰刪餘。」此序題為寶祐第三春（1255），可見此時陳起還活著；而斯植自言編定《采芝集》於寶祐丙辰（1256）良月望日，其中有《挽芸居祕校》一詩，故推測陳起大約卒於寶祐四年（1256）。（此據張瑞君〈江湖集、江湖前後續集的刊行及江湖派的鑑定〉中所考）。

〔註4〕陳起，《芸居乙稿》，〈安晚先生既以丹劑四種古調謝之〉：「陳子一畝宮，居來七十年。」

〔註5〕《石洲詩話》卷四：「陳起絕句如秋懷夜過西湖之類皆工。」可見其詩並不壞。

〔註6〕《夢梁錄》卷七、《咸淳臨安志》卷十九。

化氣息之地，而陳起居家環境尤爲幽雅〔註7〕，其形象性格亦與此環境契合，葉茵稱他「清閒地位當山林」，俞桂稱他「生長京華地，衣冠東晉人」〔註8〕即其寫照。陳起生性「耽隱約，屠酤身亦安」〔註9〕，一生以書肆爲營，以讀書爲樂，現存資料並無他從仕之記載，而他似乎也有著「百年適志耳，豈必身是官」〔註10〕不求聞達之胸懷，故鄭斯立讚其「君能有此樂，冷淡世所難。」〔註11〕

陳起雖恬淡自適，然而書肆生活使他「閱遍興亡事」〔註12〕，可知他對世事並非漠不關心。理宗寶慶初年，史彌遠廢太子濟國公，而矯詔立理宗，朝野皆竊竊私議，時陳起所刻之《江湖集》中，疑有譏諷朝政之詩，遂爲言官構陷，而坐罪流配，雖時人或以其蒙受冤屈，然陳起及其所交遊之江湖詩人，可能亦爲有心之士，詩中寓「哀濟邸而誚彌遠」之意，不可盡言全無。清人陳文述《芸居樓懷陳宗之》：「定有孤忠耿不消，江湖小集爲開雕，欲將書肆爲良史，更以詩壇當大招，秋雨梧桐皇子府，春風楊柳相公橋。睦宗何處宗英宅，弼教坊西路一條。」即因此有感而發。此事幸賴丞相鄭清之之力，故陳起遭流放不久，即蒙赦還，其晚年雖不因《江湖集》劈板而放棄書肆生活，然「十年青史夢，唯有老天知」〔註13〕，已不復意氣風發了。

陳起一生雖以書肆爲營，然歷來亦多將他視爲藏書家，由友朋酬詩中云：「良田書滿屋」〔註14〕、「數說君家書滿床」〔註15〕、「書敵幾籯金」〔註16〕，可知其藏書之豐。而由吳文英《丹鳳吟賦陳宗之芸居樓》：「縹簡離離，風籤索索，怕遣花蟲蠹粉，自採秋芸薰架，香汎纖碧。」〔註17〕可知陳起之藏書處名爲「芸居樓」。

芸居樓豐富藏書中，以珍貴罕見之書爲多，其摯友武衍即云：「鄴侯架中三萬籤，半是生平未曾見」〔註18〕。而尤值得稱道的是，他「得書愛與世人讀」〔註19〕，

〔註7〕（1）葉紹翁，《南宋群賢小集》，〈贈陳宗之〉：「官河深水綠悠悠，門外梧桐數葉秋」。
　　　　（2）趙師秀，《清苑齋詩集》，〈贈陳宗之〉：「門對官河水，簷依綠樹陰」。
〔註8〕《江湖小集》卷四十。
〔註9〕俞桂，《漁溪詩稿》〈寄陳芸居〉（《南宋群賢小集》）。
〔註10〕鄭斯立，〈贈陳宗之〉（《南宋群賢小集》）。
〔註11〕同註上。
〔註12〕危稹，《巽齋小集》〈贈書肆陳解元〉（《南宋群賢小集》）。
〔註13〕斯植，《採芝集》〈挽芸居祕校〉（《南宋群賢小集》）。
〔註14〕《江湖後集》卷三，周端臣〈挽芸居二首〉。
〔註15〕杜耒，〈贈陳宗之〉（《南宋群賢小集》）。
〔註16〕《江湖後集》卷十五徐從善〈呈芸居〉。
〔註17〕《夢窗詞》卷一。
〔註18〕《江湖後集》卷二十二〈謝芸居惠歙石廣香〉。
〔註19〕《江湖小集》卷四十葉茵〈贈陳芸之〉。

絕不吝於出借，友朋多受其嘉惠。例如：武衍：「一癡容借印疑似，留客談玄坐忘倦」〔註20〕；趙師秀：「最感書燒盡，時容借檢尋」〔註21〕；張弋：「案上書堆滿，多應借得歸」〔註22〕。而杜耒《贈陳宗之》詩中云：「數說君家書滿床，成卷好詩人借看」〔註23〕，由此又可進一步得知，陳起藏書應多為詩集。

　　陳起不但藏書，亦酷愛讀書，由其友朋之贈詩中可知。趙師秀：「四圍皆古今，永日坐中心」〔註24〕；黃順之：「萬卷書中坐，一生閒裡身」〔註25〕；俞桂：「書中塵不到，筆下句通神」〔註26〕；鄭斯立：「矧伊叢古書，枕藉於其間，讀書博詩趣，鬻書奉親歡」〔註27〕；吳文英：「鐙窗雪戶，光映夜寒東壁」〔註28〕，其讀書精神與南宋另一藏書家——尤袤「饑讀之以當肉，寒讀之以當裘，孤寂而讀之以當友朋，幽憂而讀之以當金石琴瑟」之篤嗜典籍，同樣令人欽佩。

　　陳起多病，曾過著「十年情緒藥裏中」〔註29〕之生活，亦有接受友朋饋藥之情形〔註30〕，且因「一病杯中物致危」〔註31〕，甚至「飲少亦致病」〔註32〕，迫使他必需戒掉好飲之習性〔註33〕，故於形曜貌悴之時，唯有「一榻揩摩十載詩」〔註34〕。然事實上，由他「有錢不肯沽春酒，旋買唐詩對雨看」〔註35〕及「貪詩疑有債」〔註36〕之情形看來，其好以「吟詩消遣一生愁」〔註37〕更甚於「每留名士飲」之樂〔註38〕，亦可由此想知其嗜愛讀書尤偏重詩集。不僅如此，現存陳起之作品《芸居乙稿》及《芸居遺詩》亦全為詩作，其中詩寫日記，以詩通信，以詩酬作，

〔註20〕《江湖後集》卷二十二〈謝芸居惠歙石廣香〉。
〔註21〕《清苑齋詩集》〈贈陳宗之〉。
〔註22〕《秋江煙草》〈夏日從陳宗之借書偶成〉（《南宋群賢小集》）。
〔註23〕同註15。
〔註24〕《清苑齋詩集》〈贈陳宗之〉。
〔註25〕《南宋群賢小集》〈贈陳宗之〉。
〔註26〕《漁溪詩稿》〈寄陳芸居〉。
〔註27〕《南宋群賢小集》〈贈陳宗之〉。
〔註28〕《夢窗詞》〈丹鳳吟〉。
〔註29〕《芸居乙稿》〈汎潮紀所遇〉。
〔註30〕《芸居乙稿》〈安晚先生既以丹劑四種古調謝之〉、〈武兄惠藥〉。
〔註31〕《芸居乙稿》〈止酒示羔〉。
〔註32〕《芸居乙稿》〈病中偶成〉。
〔註33〕《芸居乙稿》中有多首詩與酒有關。
〔註34〕《芸居乙稿》〈消遣〉。
〔註35〕《江湖後集》卷七趙汝績〈柬陳宗之〉。
〔註36〕黃順之，〈贈陳宗之〉（《南宋群賢小集》）。
〔註37〕葉紹翁，《靖逸小集》〈贈陳宗之〉（《南宋群賢小集》）。
〔註38〕趙師秀，《清苑齋詩集》〈贈陳宗之〉。

詩於其生活乃扮演著相當重要之角色。

　　陳起藏書、讀書、著作皆以詩爲主，此亦影響其刻書事業，而本文考出陳起所刻，唐人詩集佔有相當大之比例〔註39〕，難怪周端臣謂其「詩刊欲遍唐」〔註40〕，其志趣於此尤明。

　　陳起雖偏愛唐詩，欲亦不失爲「不薄今人」之出版家，其所輯之《江湖集》中，即以南宋當時之江湖詩人爲主〔註41〕。而輯詩之來源，或爲他人求之刊印〔註42〕，或爲陳起索詩於人〔註43〕，兩者應皆經陳起挑選刊刻〔註44〕，故他又兼具選家之身份。

　　刻書輯書正爲陳起最重要之事業與貢獻，書肆目的雖爲鬻書，然他索價甚廉〔註45〕，寄書予人〔註46〕，允友賒金〔註47〕，供書與人檢尋〔註48〕，在在透露其並非汲營於圖利之賈，與愛書人惺惺相惜之情，亦非一般書商可擬。

　　陳起之書肆，由其子接掌，故陳宅書籍鋪至少歷經陳起父子二代。據方回《瀛奎律髓》卷四十二：「予丁未（1247）至在所，至辛亥年（1251），凡五年，猶識其人，且識其子，今近四十年，肆燬人亡，不可見矣。」可知陳宅書籍鋪至遲於元至正二十八年（1291）已告結束。然而陳宅書籍鋪所刻之書，在版本學上相當受到重視，後世皆將其所刻之書歸爲「書棚本」〔註49〕，觀現存之陳宅書棚本及歷來所予之評價，亦可肯定其選本之精，刊刻之美，故不應與一般坊刻本等而視之，其刻書、輯書之事業自蘊含著一份理想，本文即由此角度，瞭解此一南宋之出版家。

〔註39〕詳見刻書考。
〔註40〕《江湖後集》卷三〈挽芸居二首〉。
〔註41〕詳見輯書考。
〔註42〕許棐，《梅屋詩稿》：「右甲辰一春詩，詩共四五十篇，錄求芸居吟友印可，棐皇恐。」（《南宋群賢小集》）。
〔註43〕危稹，《巽齋小集》〈贈書肆陳解元〉：「刺桐花下客求詩」。
〔註44〕許棐，《梅屋詩稿》：「料簡僅止此」，及《江湖小集》卷四十葉茵〈贈陳芸居〉：「選句長教野客吟」（《南宋群賢小集》）。
〔註45〕周文璞，〈陳宗之〉：「收價清於賣卜錢」。
〔註46〕許棐，〈陳宗之疊寄書籍小詩爲謝〉：「君有新刊須寄我，我逢佳處必思君」。
〔註47〕黃簡，〈秋懷寄陳宗之〉。
〔註48〕趙師秀，《清苑齋詩集》。
〔註49〕詳見第五章第一節。

第二節　陳起、陳思、陳續芸之關係考辨

陳思與陳起同有「陳道人」之稱，亦在臨安鬻書。陳思所撰有《書苑精華》、《書小史》、《寶刻叢編》、《海棠譜》、《小字錄》等書。

有關陳續芸，第一章第一節已略爲提到，於此再詳加介紹。周端臣《挽芸居》：「遽聞身染患，不見子成名，易簀終婚娶，求棺達死生。」〔註50〕可知陳起死後，至少尚留有一子，且剛完成婚娶；而朱繼芳《靜佳乙稿》〈贈續芸〉：「誰謂芸居死，餘香解返魂，六丁將不去，孤子續猶存。」詩中所言芸居（陳起）之「孤子」〔註51〕，即朱氏所贈詩之對象——續芸，由此可見，陳起之子名爲續芸。黃文雷《挽芸居》：「芸葉一窗千古在，好將事業付佳兒。」影宋本周弼《汶陽端平詩雋》四卷，爲荷澤李龏和父選，前有李序云：「摘其坦然者，兼集外所得者近二百首，自爲《端平詩雋》，俾萬人海中，續芸陳君書塾入梓流行，庶使同好者便於看誦。」由此可進一步得知，續芸於起死後，紹承父志，繼續書肆之經營，且有刻書之活動。故陳起有一子名續芸，於起死後，繼承書鋪，是有確證的。

清代對陳起、陳續芸、陳思之身份，一直眾說紛紜，各執其詞，大致可分爲三種說法：

一、以爲陳思爲陳起之父

《天祿琳琅書目》後編五宋板類《書苑菁華》下云：「（陳）思臨安人，著《小字錄》，……其子起刊《江湖集》。」

二、以爲陳思即陳起

（一）《兩宋名賢小集》僞朱彝尊跋：「寶慶紹定間，史彌遠柄國，疑劉過集中，有謗己之言，牽連逮捕，思亦不免，詩板遂燬。」

（二）楊復吉《夢闌瑣筆》：「南宋陳思刻《江湖小集》。」

（三）四庫《詩家鼎臠》提要：「陳思編《江湖小集》。」

三、以爲陳思爲陳起之子（即以陳思爲陳續芸）

（一）顧脩《讀畫齋重刊群賢小集例》：「按起以能詩見重于時，編中有《芸居乙稿》，起所著也。思號續芸，殆起子歟？別有《小字錄》、《書小史》行世。」按：《小字錄》、《書小史》確爲陳思所撰。

〔註50〕《江湖後集》卷三有周端臣《挽芸居二首》：「天地英靈在，江湖名姓香，良田書滿屋，樂事酒盈觴，字畫堪追晉，詩刊欲遍唐，音容今已矣，老我倍淒涼。詩思聞逾健，儀容老更清，遽聞身染患，不見子成名，易簀終婚娶，求棺達死生，典型無復睹，空有淚如傾。」

〔註51〕詩中所謂「孤子」，乃指居父喪之嗣子。

（二）丁申《武林藏書錄》卷中〈小陳道人思〉記有：「當時書肆林立，著名者陳起之後，又有陳思。起自稱道人，世遂稱思爲小陳道人，石門顧君修據宋本《群賢小集》重刊，疑思爲起子，稱起之字芸居，思之子續芸，所居睦親坊棚北大街，地亦相近，然終不得其據。」

四、其　他

（一）王昶《重刻江湖群賢小集序》：「起父子又編《寶刻叢編》、《寶刻類編》二書。」按：《寶刻叢編》爲陳思所編，今世行《寶刻類編》不題撰人。此言不知是將陳起當作陳思，或將陳思當作陳起之子。

（二）楊壽祺售予中圖之《南宋群賢小集》僞朱彝尊跋：「宋陳思父子編《群賢小集》於寶慶紹定間，又稱《江湖集》。」此言亦不知是將陳思當作陳起，或將陳思當作陳起之父。

這三種說法皆爲誤解：將陳思當作陳起之父，在年紀上是講不通的，本節於後再作說明；而將陳思、陳起混爲一人，乃因兩人在南宋之活動時期相近，且皆於當時臨安府開肆鬻書，又都有「陳道人」之稱〔註52〕；另外將陳思當作陳起之子，乃因陳起號芸居，而朱繼芳《贈續芸》云：「誰謂芸居死，……孤子續猶存。」故後人以爲續芸乃續芸居之字號，因此疑續芸應尙有本名，以思爲起子之名，似乎合情合理，而陳思之年紀若作爲陳起之子，亦有可能符合。事實上，葉德輝《書林清話》已討論過：陳思並非陳起之子續芸，其所持理由是：陳思所著之《小字錄》題銜云：「成忠郎緝熙殿國史實錄院祕書省搜訪」，故認爲：「是時思既官成忠郎，又與名賢往來，何以周端臣詩有『不見子成名』之語？」（《書林清話》卷二）成忠郎蓋坊肆書賈系銜散局者，並非有所功名之大官，而周端臣詩中：「不見子成名」一句，可能意謂其子並未成名，然亦有可能嘆惜其子成名之時，陳起已來不及看到，故以此爲陳思非續芸之證據，並不是相當充分，須再進一步釐清。

現存陳思所編之《寶刻叢編》，前有紹定二年（1229）鶴山魏了翁序及紹定四年（1231）陳伯玉序，分別稱「鬻書人陳思」、「都人陳思」，可知這段期間，陳思正在都城開肆鬻書；若以陳起1256年過世，約七、八十歲，則陳思編《寶刻叢編》時，陳起年約四、五十，應正在經營書鋪，可見陳起與陳思同時皆有開肆鬻書之活動。而第一段已經以黃文雷《挽芸居》：「好將事業付佳兒」說明陳續芸乃繼承陳起之書肆，故陳思顯然並非陳起之子── 續芸。

此外，方回《瀛奎律髓》卷四十二〈贈賣書陳秀才〉：「陳起字宗之，睦親坊

賣書開肆，予（按：方回）丁未至在所，至辛亥年凡五年，猶識其人，且識其子，今近四十年，肆燬人亡，不可見矣。」可見方回認識陳起及其子續芸。而同卷中〈贈陳起〉：「此所謂賣書陳秀才，亦曰陳道人，……予及識此老，屢造其肆，別有小陳道人，亦爲賈似道編管。」此乃言陳起（陳道人）與小陳道人之書肆同時爲賈似道編管，可見陳起與小陳道人之書鋪是並存的，而續芸乃接掌陳起之書肆，故「小陳道人」並非陳起之子續芸。然「小陳道人」究指何人？前文已由《寶刻叢編》之序中，得知陳思與陳起同時皆有開肆鬻書之活動，而由陳思所撰《書小史》之原序中云：「《書小史》者，中都陳道人所編也。」及陳思所撰之《寶刻叢編》殘缺無撰人序中，存文數行，亦稱思爲陳道人，可知陳思有陳道人之稱，故與陳起同時鬻書之小陳道人應爲陳思。清丁申《武林藏書錄》卷中〈小陳道人思〉，即明言小陳道人乃爲陳思。若此論成立，則亦可由「小陳道人」並非陳起之子續芸，得知陳思並非陳續芸。

陳思之《書小史》謝愈修序云：「《書小史》者，中都陳道人所編也，……予識之五十餘年，每一到都，必先來訪，訂證名帖，飽窺異書，愈久而愈不相忘，亦未易多得也。咸淳丁卯（1267）重九天台謝愈修書於西湖寓舍，時年七十有四。」陳思與謝愈修由 1217 年至 1267 年交往之五十年間，陳起至少於 1217 年至 1256 年間，亦同時正在經營書鋪，然謝序中於陳起並未稍提，顯然陳思並非接掌陳起之書肆，乃是獨當一面的，而爲其《寶刻叢編》作序者——魏了翁亦爲名賢〔註53〕，可知陳思當時已爲書肆老手，且於書肆同業中亦自有名氣。由以上所述，應可證明陳思並非陳起之子續芸。

前面提到：1267 年謝愈修爲陳思所撰《書小史》作序，其中記載兩人交往有五十年之久，若陳思二十歲始認識謝氏，則 1267 年時，至少有七十之齡，而於 1256 年陳起死時，陳思至少有五、六十歲；然陳思若四十歲才認識謝氏，則 1267 年時，已有九十高齡，而於 1256 年陳起死時，陳思約爲七、八十歲，與陳起年紀相當，故陳思至多也僅能與陳起同輩，而不可能爲陳起之父；況且陳起於 1256 年已死，而陳思於 1267 年尚有刻書活動，當然更不可以將陳起、陳思誤爲同一人。

另外，葉德輝以爲：「二陳（按：「臨安府鞔鼓橋南河西岸陳宅書籍鋪」及「臨安府洪橋子南河岸陳宅書籍鋪」）疑起、思一家，惜不知其名字，他日儻於宋人詩文集說部遇之，當爲陳氏作世譜。」〔註54〕本文於此，亦無進一步資料可證明起、

〔註53〕《書林清話》卷二〈南宋臨安陳氏刻書之一〉。
〔註54〕《天祿琳琅書目》，《書苑精華》條下：「前有魏了翁字華父，浦江人，慶元進士，官簽書樞密院事，謚文靖，《宋史》有傳，見所著《鶴山集》。」

思是否有宗族關係。觀現存陳起之相關資料，毫無與陳思交遊之記載，而陳思撰書、作序並未提及陳起，甚至現藏於台灣國學文獻館《義門陳氏宗譜》之《譜序》中，有陳思所撰之《雍睦堂合修於譜序》，對於陳起亦未稍提，且《宗譜》內全無陳起之名，故陳思、陳起兩人雖同姓、同為單名，而於南宋臨安亦確有一些地點相近之陳氏書鋪，然若因此即欲判斷是否為同一宗族，則相當困難。

第三節　陳起、陳思、陳世隆之關係考辨

有關陳起、陳思，前面已有所介紹，而陳世隆之身份，有謂乃陳起之（從）孫及陳思之從孫兩種說法。對於陳世隆身份之釐清，有助於瞭解《兩宋名賢小集》（後代為《江湖集》所輯佚之書）之編者及作補者，故於此提出討論。

四庫《兩宋名賢小集》提要：「《兩宋名賢小集》三百八十卷，舊本題宋陳思編，元陳世隆補，思有《寶刻叢編》，世隆有《北軒筆記》，並已著錄，是編所錄宋人小集，始於楊億，終於潘音，凡一百五十七家，有紹定三年魏了翁序及國朝朱彝尊二跋。」編者陳思與作補者陳世隆之關係，按《北軒筆記小傳》記載：「陳彥高名世隆，以字行，錢塘人，自其從祖思以書賈能詩，當宋之末，馳譽儒林，家名藏書，彥高與弟彥博，下帷課誦，振起家聲，弟仕兄隱，各行其志。元至正間兄弟並館於嘉興，值兵亂，彥高竟遇害，詩文集不傳，惟《宋詩補遺》八卷，《北軒筆記》一卷，彥博館主人陶氏有其抄本云。」意即陳思與陳世隆乃為從祖孫之關係。

清代目錄書——陸心源《皕宋樓藏書志》與丁丙《善本書室藏書志》，皆著錄陳世隆所撰之《宋詩拾遺二十三卷》〔註55〕。然陸志、丁志對於陳世隆之祖，卻有不同之看法。陸志云：「世隆……宋末書賈陳思之從孫。」乃從《北軒筆記》小傳之說；而丁志著錄《舊鈔本聖宋高僧詩選》三卷、《後集三卷》、《續集一卷》，載為錢塘陳起宗之編，且云《末宋僧詩補三卷》，乃宗之之孫彥高（陳世隆）所輯，另於《宋詩拾遺》卷二十三云：「世隆為睦親坊書估陳氏之從孫行。」意謂陳起與陳世隆（彥高）乃從祖孫或祖孫關係。葉德輝於《書林清話》以為丁志不如陸志引據之有根（按：其根乃指《北軒筆記》小傳），故贊成陸志以陳思與陳世隆為從祖孫關係之看法。

四庫《北軒筆記》提要：「是書前有小傳，不知何人所作。」可見此傳本身之

〔註55〕陸志：「今此本（按：《宋詩拾遺》）二十三卷完善無缺，尚是明人鈔本，則《小傳》所云八卷，尚未見全書也。」

出處不詳，故傳中所言仍須有所斟酌。作傳者言陳思與陳世隆爲從祖孫之關係，於陸志以及《兩宋名賢小集》僞朱彝尊跋，皆承襲一致說法。然《北軒筆記》小傳所云：「其從祖思以書賈能詩」，此言相當可疑。因現存陳思所撰所刻無集部之書，亦未有詩集留世，反倒陳起所刻所輯幾乎全爲集部之書〔註56〕，且其個人亦有《芸居乙稿》、《芸居遺詩》之詩作留世，而小傳所言，正與方回《瀛奎律髓》卷四十二：「錢塘書肆陳起宗之能詩」之記載相符合，故由《北軒筆記》小傳所述，可判斷陳世隆之祖應爲陳起，而非陳思。此外，傳中謂彥高下帷課誦，欲振起家聲，且有《宋詩補遺八卷》，亦極可能即爲重振陳起刻《江湖集》之聲名，而作宋詩補遺之工作，今所存之《兩宋名賢小集》不知是否即因《宋詩補遺》之摻入，始載爲陳世隆補，惜《宋詩補遺》於清初即無傳本〔註57〕，故無法作一對照。然由丁志所載世隆爲陳起之《聖宋高僧詩選》而輯《末宋僧詩補三卷》，則世隆爲陳起《江湖集》作宋詩補遺之工作，亦是極有可能的，故陳起與陳世隆有（從）祖孫關係，較爲合情合理。

　　另外，《兩宋名賢小集》有紹定三年魏了翁序及國朝朱彝尊跋。《四庫提要》對於魏序及朱跋皆有辨僞。於魏序云：「考所載魏了翁序與《寶刻叢編》之序，字句不易，惟更書名數字，其爲僞託無疑。」〔註58〕而對於朱跋所持之辨僞理由爲：（一）朱跋錯將陳思當作陳起，以爲陳思即《江湖集》之刊刻者；（二）《江湖集》所載皆南渡以後之人，而是書（按：《兩宋名賢小集》）起自楊億、宋白（按：楊億生於974年，卒於1020年，而宋白生於933年，卒於1009年，兩人皆活動於北宋，並非南渡以後之人），二書迥異，故朱跋謂是書（按：《兩宋名賢小集》）又稱《江湖集》，此說實誤〔註59〕；（三）考彝尊《曝書亭集》有《宋高菊澗遺稿序》中，述陳起罹禍之事甚悉，未嘗混及陳思，而集中亦不載此跋。故《四庫提要》基於以上三點，認爲此跋當由清人依托爲之，未必眞出彝尊之手。《兩宋名賢小集》之序乃僞託陳思《寶刻叢編》中之魏序，而是書之跋乃僞託朱彝尊之名，將陳起

〔註56〕參見第三章、第四章。

〔註57〕四庫，《北軒筆記》提要：「《北軒筆記一卷》，元陳世隆撰，是書前有小傳，不知何人所作。稱世隆字彥高，錢塘人，宋末書賈陳思之從孫。順帝至正中，館嘉興陶氏，沒於兵。所著詩文皆不存，惟《宋詩補遺八卷》與此書存于陶氏家。今《宋詩補遺》已無傳本，惟此一卷存耳。」

〔註58〕《書林清話》卷二《南宋臨安陳氏刻書之一》：「《四庫全書提要》載《兩宋名賢小集》爲陳思編著，前有魏了翁敍：此敍則以《書苑精華》之鶴山翁僞改。」此言中之《書苑精華》乃《寶刻叢編》之誤。

〔註59〕據第三章第二節所考，陳起之《江湖集》中收有北宋之方惟深（1040～1122），可知《江湖集》原本即非全收南渡以後之詩人，故四庫提要以此爲理由，並不妥當。

所刻之《江湖集》及所引起之詩禍，皆歸諸陳思，可見《兩宋名賢小集》乃承《北軒筆記》小傳之記載，強將陳思當作陳起；而由《兩宋名賢小集》僞朱跋將陳起刊刻《江湖集》及引起江湖詩禍之事，皆誤載於陳思之名下，正可推知《北軒筆記》小傳亦犯了誤將陳思當作陳起之毛病。後人不明朱跋之誤解，反倒以爲與陳起年代相近之宋末書賈——陳思，曾爲陳起之《江湖集》輯佚了《兩宋名賢小集》。

舊本題《兩宋名賢小集》爲宋陳思撰，陳世隆補，由是書中之僞朱彝尊跋及《北軒筆記》小傳，已知兩者皆誤將陳思當作陳起，故《兩宋名賢小集》並非陳思所撰。而由現存資料亦僅知陳世隆有《北軒筆記》及《宋詩補遺》之著作，並無替《兩宋名賢小集》作補之記載，故疑《兩宋名賢小集》即類似清代《群賢小集》之輯佚工作，另將陳世隆之《宋詩補遺》輯入，故題上陳世隆補。然而由於《宋詩補遺》早已不傳，今已無法確知《宋詩補遺》是否已散見於《兩宋名賢小集》。此外，《兩宋名賢小集》中之各詩人小傳，是否爲陳世隆所作，或爲輯佚《兩宋名賢小集》之人所撰寫，由於資料匱乏，亦無法判斷。

現存《永樂大典》殘卷，尚有《江湖續集》、《江湖後集》載於陳起名下，由集中所收詩人有晚於陳起死後之年代者，可知絕非陳起所編，而且亦無資料可證明是否爲其子陳續芸所編。然續芸繼承陳起書肆之事業，且曾刊刻《端平詩雋》之江湖詩作〔註 60〕，則爲陳起之《江湖集》再作續編工作，是相當有可能的，若陳世隆繼陳起、陳續芸之後，再爲《江湖集》作宋詩補遺，便爲世代接續之工作，亦相當合情合理。然續芸是否曾爲陳起《江湖集》作續編之工作，現存資料缺乏有力之證據，且《北軒筆記》以陳思爲陳世隆之從祖，以及《兩宋名賢小集》以陳思爲編者之訛亂，皆使本文之推論，無法得到直接證據之支持，故僅能於此，作一較合理之推測。

第四節　陳起之交遊

陳起經營書鋪，以出版爲業，其出版品乃經過陳起之精挑細選，此由與其友朋之交遊中可得知。

陳起之交遊考已有張宏生〈江湖集編者陳起交遊考〉及胡益民、周月亮〈江湖集編者陳起交遊續考〉兩篇論文討論過，共考出四十二人。

〔註 60〕影宋本周弼，《汶陽端平詩雋四卷》，爲荷澤李龔和父選，前有李序云：「目爲《端平詩雋》，俾萬人海中，續芸陳君書墊入梓流行。」

這四十二人當中，可看出多爲江湖詩人，由於江湖詩人乃爲民間所組成之團體，故現多無史料可參考。以下僅列出與陳起出版事業較有關係之友朋，藉以瞭解陳起刊刻出版之情形。

一、鄭清之　生於宋孝宗淳熙三年（1176）卒於理宗淳佑十一年（1251），年七十六歲

鄭清之，字德源，初名燮，字文叔，別號安晚，慶元府鄞縣人。寧宗嘉定十年（1217），登進士第，累遷國子學錄，時鎮王竑立爲皇子，與史彌遠不合，史氏與清之謀廢皇子，欲立沂王之養子——昀，先以清之教昀爲文，後策立昀，是爲理宗，另立竑爲濟王。不久，史氏即諭旨逼竑自縊，朝野譁然。紹定六年（1233）彌遠卒，清之爲右丞相兼樞密使，特進左丞相。淳祐十一年（1217）十一月，清之進封齊國公，致仕卒，賜諡忠定。清之自與彌遠議廢濟王竑，立理宗，駸駸至宰輔，然端平之間召用正人，清之之力也。清之代言奏對，多不存稿，有《安晚集》六十卷〔註61〕。

當政者認爲陳起所刻之《江湖集》中有譏評時政之詩，下令劈《江湖集》板，陳起亦牽連坐罪。初彌遠議下大理，逮治，鄭丞相清之在瑣闥白彌遠，中輟，而宗之僅坐流配〔註62〕。由陳起寫給清之四題七首詩來看，多爲推崇酬酢之詩，兩人交情似不深，其賴獲救，疑因劉克莊之故。此隆恩厚澤，陳起十分感念：「鰤生載厚恩，一詩何能酬，擬辦八千首，從今歲歲投。」〔註63〕而後「起之刻是集蓋感之也。」〔註64〕

《四庫提要》云：「《安晚堂集》六十卷，起所刻者十二卷，末有臨安府棚北大街睦親坊南陳解元宅書籍鋪刊字一行，今世所傳者缺五卷，惟第六卷至十二卷存，今輯自《永樂大典》者分爲二卷，共詩一百七十九首，乃起所選入《江湖集》者也。」清之爲陳起脫罪，陳起報以刻集流傳，使後人猶能略見《安晚堂集》，此陳起之功也。

二、劉克莊　生於宋孝宗淳熙十四年（1187）卒於度宗咸淳五年（1269），年八十三歲

劉克莊，初名灼，字潛夫，號後村，福建莆田人。師事眞德秀，嘉定二年（1209）以郭恩補將士郎，後知建陽縣，寶慶元年（1225）言官李知孝、梁成大箋克莊〈落梅〉詩，以詩中寓諷朝政之意，激怒史彌遠，幾得譴，鄭清之力辨得釋，後起復，

〔註61〕以上參考《宋史》卷414鄭清之本傳，卷426鎮王竑本傳，另外可參考《後村先生大全集》卷百七十。
〔註62〕參見《瀛奎律髓》卷二十。
〔註63〕陳起，〈壽大丞相安晚先生〉，《芸居乙稿》。
〔註64〕張宏生，〈江湖集編者陳起交遊考〉，《文獻》，1989年4月第四十二期。

淳祐六年（1246），御箚賜同進士出身，揭史嵩之罪狀，有直名。克莊與鄭清之、賈似道皆有舊，累官至龍圖閣直學士，咸淳五年（1269）致仕，卒，贈銀青光祿大夫，諡文定〔註65〕。著有《後村集》五十卷，《後村詩話前集》二卷，《後集》二卷，《續集》四卷，《新集》六卷，《後村別調》一卷〔註66〕。並行於世。

寶慶初年，陳起刊《江湖集》以售，南岳稿與焉，起賦詩疑寓哀濟邸而誚彌遠，併克莊〈梅詩〉論列，劈《江湖集》板，兩人皆坐罪。當時丞相鄭清之與克莊有太學同學之誼，故陳起亦托克莊之福而獲救，克莊有〈余辛卯歲臥病，郡城陳宗之、胡希聖有詩問訊……〉一詩〔註67〕，辛卯為紹定四年（1231），是時兩人應已脫離險境。紹定六年（1233）彌遠死，詩禁解，然梅詩引起之江湖詩案，影響卻相當深遠，克莊為病後《訪梅九絕》：「卻被梅花累十年」、「梅花窮殺幾人來」〔註68〕，即言其因梅詩廢閒十年而不得志也。甚至淳祐十一年（1251），御史因抗蒙之事彈劾克莊，猶提起梅花詩話。是年，克莊去國，陳起送之，克莊避謗不敢見，亦與時局有關。

陳起〈史記送後村劉秘監兼致欲見之惊〉一詩，詩中克莊曾囑附陳起刻印《史記》，而起亦知其志趣，得蜀刻本《史記》，即持贈克莊。淳祐六年（1246），克莊任秘書少監之時，克莊以老母求歸養，理宗不許曰：「朕知卿文名有史學，行將錫第任修纂矣。」由此可知克莊除有詩名外，於史學亦頗負盛名，其對史學之興趣，可能影響以史入詩之寫作方式，亦因此觸怒當政者。

克莊有〈贈陳起〉一詩：「陳侯生長紛華地，卻以芸香自沐薰，鍊句豈非林處士，鬻書莫是穆參軍，雨檐兀坐忌春去，雪案清談至夜分，何日我閒君閉肆，扁舟同泛北山雲。」〔註69〕由於兩人各有事業，相聚時間並不多。陳起〈史記送後村劉秘監兼致欲見之惊〉一詩，亦述其會晤無時，思友之情。其往來之詩作，可看出二人之相知相惜。

三、許棐 生年不詳，卒於淳祐九年（1249）

許棐字忱夫，海鹽人，隱居秦溪，于水南種梅數十樹，構屋讀書，因自號梅屋，桁室中於三桁下分四隔，中垂一帘，對懸白居易、蘇軾二像事之〔註70〕。棐

〔註65〕參考《宋史翼》卷二十九。
〔註66〕參見《四庫總目提要》。
〔註67〕《後村大全集》。
〔註68〕同前註。
〔註69〕劉克莊，〈贈陳起〉，《芸居乙稿附錄》（《四庫全書珍本》）。
〔註70〕《海鹽縣圖經》卷十三〈人物志〉。

著作頗多，有《梅屋詩稿》一卷，《融春小綴》一卷，《梅屋三稿》一卷，《雜著》一卷，《樵談》一卷，《獻醜集》一卷，並傳於世〔註71〕。

　　梅屋稿自序：「予貧喜書，舊積千餘卷，今倍之未足也，肆有新刊，知無不市，人有奇編，見無不錄，故環室皆書也。」〔註72〕可見許棐藏書甚豐，並且常向書肆蒐購，而陳起即常寄書予棐，棐曾以詩為謝：「君有新刊須寄我，我逢佳處必思君，城南昨夜聞秋雨，又拜新涼到骨恩。」〔註73〕兩人不但同為藏書家，並且亦為詩社吟友。許棐〈宗之惠梅窠水玉牋〉：「百幅吳冰千葉雪，對吟終日不成詩，憶君同在孤山下，商略春風弄筆時。」〔註74〕陳起〈挽梅屋〉：「桐陰吟社憶當年，別後攀梅結數椽。」〔註75〕兩人珍惜吟詩弄筆之情，溢於言表。許棐《梅屋詩稿》：「右甲辰一春詩，詩共四五十篇，錄求芸居吟友印可，棐皇恐。」〔註76〕可知許棐曾託陳起刊印詩篇，其詩亦刊入《江湖集》。

四、危積　　生卒年均不詳，年七十歲

　　危積本名科，字逢吉，號巽齋，一號驪塘，撫州臨川人。淳熙十四年（1187）舉進士。以文章為洪邁、楊萬里所賞。積沒，真德秀為銘其墓。所著有《巽齋集》，諸經有講、集解，諸魏晉唐詩文皆有編，輯先賢奏議曰玉府，曰藥山。《宋史》有傳〔註77〕。

　　危積有《贈書肆陳解元》詩二首，其一云：「巽齋幸自少人知，飯飽官閒睡轉宜，剛被旁人去饒舌，刺桐花下客求詩。」〔註78〕由「客求詩」一句，可知危積亦是陳起索詩之對象。

五、趙師秀　　生於宋孝宗乾道六年（1170）〔註79〕卒於宋寧宗嘉定十二年（1220）〔註80〕，年五十一。

　　趙師秀字紫芝，一字靈秀，號天樂，宋太祖八世孫，原籍為汴，靖康建炎之際南渡寓居永嘉，紹熙元年（1190）登進士第，浮沈州縣，先後入金陵鄭僑幕為

〔註71〕參見《四庫總目提要》。

〔註72〕許棐：《獻醜集》。

〔註73〕許棐：《梅屋詩稿》（南宋群賢小集）。

〔註74〕同前註。

〔註75〕《芸居乙稿》。

〔註76〕同註73。

〔註77〕《宋史》卷415，危積本傳。

〔註78〕《南宋群賢小集》。

〔註79〕詳見丁夏〈趙師秀生年小考〉（《文學遺產》，1983年4月）。

〔註80〕葛兆光〈趙師秀小考〉（《文學遺產》，1982年1月）。

從事，任上元縣主簿，又入筠州幕爲判官〔註81〕。著有《清苑齋集》及《天樂堂》，今僅存《清苑齋集》一卷〔註82〕。趙師秀名居「永嘉四靈之一」〔註83〕，然其詩居四靈之冠〔註84〕，在江湖詩派亦負盛名。

師秀〈贈陳宗之〉有云：「每留名士飲，屢索老夫吟，最感春燒盡，時容借檢尋。」〔註85〕詩中透露陳起與師秀交往甚繁，飲酒作詩，志趣相投。其索詩：「不僅爲了欣賞，而且是爲了刊刻。」〔註86〕

六、張至龍

張至龍字季靈，建安人。著《雪林刪餘》一卷，見收於《南宋群賢小集》。

《雪林刪餘》前有張至龍自序：「予自髫齔癖吟，所積稿四十年，凡刪改者數四。比承芸居先生又爲摘爲小編，特不過十中之一耳。……予遂再挽芸居先生就摘稿中拈出律絕各數首，名曰刪餘，……芸居所刪非爲蕪淬設，特在少而不在多。」〔註87〕張至龍對於詩稿一再刪改，可見自我要求相當嚴格，卻仍謙虛地請陳起由摘稿中精挑細選，亦可由此得知，其對陳起選詩之尊重與信任。

七、黃文雷

《江西詩徵》卷二十一：「黃文雷，字希聲，號看雲，南城人，登淳祐十一年進士第，辟臨安酒官，與金溪趙崇峰、寧都曾原一、南豐諶祐當時號爲江西四大詩人。舟歸次嚴陵灘溺死，有《看雲集》一卷。」〔註88〕

黃文雷〈挽芸居〉：「海內交遊三十年」〔註89〕可知文雷與陳起有三十年之深厚交情。文雷曾有感：「長安道上細哦詩，如此相知更有誰」〔註90〕兩人深厚交情乃建立在詩趣之投契，而文雷《看雲小集自序》：「芸居見索，倒篋出之，料簡僅止此，自昭君曲而上，蓋嘗經先生（按：陳起）印正云。」〔註91〕可知兩人雖交情深厚，然陳起檢擇文雷原有之詩稿，付梓刊印，亦不失其選家之責。

〔註81〕參閱陸心源《宋史翼》卷二十八及葛兆光〈趙師秀小考〉。
〔註82〕參見《四庫總目提要》。
〔註83〕同註65。
〔註84〕方回《瀛奎律髓》卷四十七：「四靈詩，趙紫芝爲冠。」
〔註85〕《清苑齋詩集》。
〔註86〕同註64。
〔註87〕顧修本，《南宋群賢小集》。
〔註88〕《江西詩徵》（清嘉慶九年南城曾氏賞雨茅屋刊本）。
〔註89〕《江湖後集》卷二十一。
〔註90〕同前註。
〔註91〕同前註。

　　陳起所交遊多為江湖詩人，故亦可由此得知陳宅書鋪之出版稿源，這些稿源或由陳起邀稿，或由詩人請陳起刊刻，都可看出詩人與出版書鋪之關係。然陳起與友朋之間，除出版之因緣外，最重要的是，陳起本身愛讀詩，愛寫詩，愛出版詩集，故所交遊亦多為詩人。或謂陳起乃為附庸風雅，而與江湖詩人往來〔註92〕，此說實批評過苛，以陳起一生好以詩為伍之情形看來，其詩人之交遊應是相當自然的。

附表一：陳起交遊表

名	字	號	籍　貫	著作及生卒年代
鄭清之	德源	安晚	慶元鄞縣	安晚堂集（1176～1251）
吳潛	毅夫	履齋	宣州寧國	履齋遺集四卷，詩餘三卷（1196～1262）
武衍	朝宗	適安	汴人	適安藏拙餘稿、乙稿各一卷
黃文雷	希聲	看雲	南城人	看雲小集一卷
黃載	伯厚	玉泉	南豐人	
許棐	忱父	梅屋	海鹽人	梅屋詩稿等六種
陳鑑之（初名璟）	剛父		三山人	東齋小集一卷
朱繼芳	季實	靜佳	建安人	靜佳龍尋稿、乙稿各一卷
汪轉業				
周端臣	彥良	葵窗	建業人	葵窗詞稿一卷（1241～1255）
楊幼度	叔憲		台州天台縣人	
汪起潛				
劉克莊（初名灼）	潛夫	後村居士	興化軍莆田人	後村先生大全集196卷（1187～1269）
趙師秀	紫芝（一字靈秀）	天樂	永嘉人	清苑齋詩集一卷、補遺一卷（1170～1219）
施樞	知言	芸隱	丹徒人	芸隱橫舟稿、芸隱倦遊稿各一卷
趙與時	行之（一字德行）		寓臨江	賓退錄十卷（1175～1231）
胡仲弓	希聖	葦航	清源人	葦航漫遊稿四卷

〔註92〕劉大杰《中國文學史》，頁730。

趙蕃	昌父	章泉	鄭州人	乾道稿（1143～1229）
王琮		雅林	括蒼人	雅林小稿
喻仲可	可中		嚴陵人	
葉茵	景文		笠澤人	順適堂吟稿甲、乙、丙、丁四集
葉紹翁	嗣宗（一字靖逸）		建安人	靖逸小集一卷 四朝聞見錄五卷
危稹	逢吉	巽齋	撫州臨川人	巽齋小集一卷
杜來	子野	小山	旴江人	（1208～1224）
張戈（亦作奕）	彥發	韓伯	河陽人	秋江煙草一卷
張至龍	季靈		建安人	雪林刪餘一卷
吳文英	君特	夢窗 又號覺翁	四明人	夢窗詞一卷 （1200～1232）
周文璞	晉仙	方泉（野齋·山楹）	陽谷人	方泉先生詩集三卷
趙汝績	庶可		浚儀人	
鄭斯立	立之		懷安人	
俞桂	希郄		仁和人	漁溪詩稿二卷、漁溪乙稿一卷
敖陶孫	器之	臞翁	福州福清人	臞翁詩集二卷 （1154～1227）
徐從善	仲善		古括人	月窗摘稿
黃順之	佑甫		劭武人	
黃簡（一名居簡）	元易	東浦	建安人	
釋斯植	建中	芳庭	住南岳寺	采芝集一卷、續稿一卷
蔣廷玉	太璞		永嘉人	
陳夢庚	景長	竹溪	閩縣人	（1190～1266）
汪泰亨			安徽寧國人	
劉希和			莆田人	
毛居正	誼父（一字義甫）		柯山人	六經正誤
郭聖與				

附表二：陳起與友朋往來詩作

陳起贈友朋之詩	友　朋	友朋贈陳起之詩
安晚先生貺以丹劑四種古調謝之（稿） 以仁者壽為韻壽侍讀節使鄭少師（稿） 壽大丞相安晚先生 安晚先生送自贊太上感應篇帙首御題諸 　　惡莫作眾善奉行八字輔以佑聖像一軸 　　兩詩見意云	鄭清之	
履齋先生下頒參附注體以謝 過金陵總卿吳履齋以詩贈別用謝（後集）	吳　潛	
適安惠糟蟹新酒 題適安清湖寓居 武兄惠藥 適安有湖山之招病不果赴 適安和 適安招遊湯鎮不來赴 適安夜訪讀靜佳詩卷 真靜饋新茶菰乾黃獨乳酪約葵窗適安共 　　享適安不赴葵窗詩來道謝次韻答之兼 　　呈真靜適安 泠泉邂逅友人留飯 黃踞鈐詩來告別	武　衍	謝芸居惠歙石廣香 復歸絲桐芸居以詩見賀紀述備盡 　　報以長篇兼簡葵窗 次芸居湖中韻
郭聖與黃希聲問候 雪中送黃希聲西歸	黃文雷	挽芸居
黃路鈐詩來告別	黃　載	
紙帳送梅屋小詩戲之 挽梅屋	許　棐	陳宗之江疊寄書籍小詩以謝 求芸居吟友印可
	陳鑑之	古詩四首奉寄陳宗之兼簡敖曜翁
適安夜訪讀靜佳詩卷 真靜饋新茶菰乾黃獨乳酪約葵窗適安共 　　享適安不赴葵窗詩來道謝次韻答之兼 　　呈真靜適安	朱繼芳	

耘業許印章四韻叩之 六言簡耘業 梅花怨爲汪耘業賦	汪轉業	
葵窗送酒 眞靜餉新茶菰乾黃獨乳酪約葵窗適安共享適安不赴葵窗詩來道謝次韻答之兼呈眞靜適安 與適安夜飲憶葵窗	周瑞臣	挽芸居二首（後集） 奉謝芸居清供之招
雜言送歙硯廣香與友人有懷楊校書	楊幼度	
寄汪起潛簽判	汪起潛	黃文雷挽程孺人（看雲小集）
史記送後村劉秘兼致欲見之悰 挽林夫人	劉克莊	
寄趙紫芝運幹 留題天樂寓張氏湖亭	趙師秀	贈陳宗之
芸隱提管詩來依韻奉答 芸隱再和復用以酬	施樞	
雪中簡趙德行	趙與時	
與葦航適安飲	胡仲弓	
答趙章泉	趙蕃	
挽宣教郎新差通判慶元府王琮	王琮	
	喻仲可	
	葉茵	贈陳芸居（順適堂吟稿丙集）
	葉紹翁	贈陳宗之（靖逸小集）
	危積	贈陳解元二首（巽齋小集）
	杜來	贈陳宗之（前賢小集拾遺卷三）
	張弋	夏日從陳宗之借書偶成（秋江煙草）
	張至龍	
	吳文英	賦陳宗之芸居樓（丹鳳吟）
	周文璞	贈陳宗之（前賢小集拾遺卷四）
	趙汝績	贈陳宗之（後集卷七）
	鄭斯立	贈陳宗之（前賢小集拾遺卷二）

	俞　桂	寄陳芸居（漁溪詩稿卷二）
	敖陶孫	
	徐從善	呈芸居（後集卷十五）
	黃順之	贈陳宗之（前賢小集拾遺卷二）
	黃　簡	秋懷寄陳宗之 （前賢小集拾遺卷四）
	釋斯植	挽芸居秘校（采芝集）
	蔣廷玉	贈陳宗之（影抄本詩藪人文部）
奉酬竹溪陳使君新詩墨梅之貺	陳夢庚	
舊挽汪隱若	汪泰享	
題建溪劉希和吟趣園	劉希和	
	毛居正	
郭聖與黃希聲問候 送郭聖與就監試歸兼簡其第	郭聖與	
	方　岳	答芸老（秋崖集）

第二章　《江湖集》輯書考

第一節　《江湖集》輯書背景

一、江湖詩禍之政治背景

自中原板蕩，宋室南遷後，奸相弄權，朝政無綱。權臣生活皆相當侈靡，而且賣官鬻爵，排斥異己。《廿二史箚記》卷二十六〈秦檜史彌遠之攬權〉：「統觀古今權臣當國，未有如二人之專者。然秦檜十八九年威福由己，名入奸臣傳，至今唾罵未已；彌遠相寧宗十七年，相理宗又九年，其握權既久於檜，檜僅殺岳飛、竄趙鼎等，彌遠則擅寧宗所建皇子，而別立嗣君，其無君之罪更甚於檜，乃及身既少詬詈，死後又不列奸邪，則以檜讎視正人，翦除異己，為眾怨所叢，而彌遠則肆毒於善類者較輕，遂無訾之者？然則彌遠之黜，豈不更勝於檜哉？」《宋史》卷四一四〈史彌遠本傳〉：「彌遠既誅韓侂胄，相寧宗十又七年。迨寧宗崩，廢濟王，非寧宗意，立理宗，又獨相九年，擅用事，專任憸小。⋯⋯理宗德其立己之功，⋯⋯雖臺諫言其姦惡，弗恤也。」

江湖詩人所處，即正當南宋末葉「主則昏庸，臣亦狂謬」〔註1〕之時代，詩人面對如此之朝政，詩作中難免有所批評嘲諷，於是繼北宋烏臺詩禍，南宋秦檜文字獄〔註2〕之後，在理宗寶慶元年（1225）又興起一場風波不小之江湖詩禍。

現存有三條宋代資料記載江湖詩禍之事：

羅大經《鶴林玉露》卷十〈詩禍〉：

> 寶紹間，《中興江湖集》出，劉潛夫詩云：「不是朱三能跋扈，只緣

〔註1〕《廿二史箚記》卷二十六〈秦檜史彌遠之攬權〉。
〔註2〕《廿二史箚記》卷二十六〈秦檜文字之禍〉。

鄭五次經綸」；又云：「東風謬掌花權柄，卻忌孤高不主張」；敖器之詩云：「梧桐秋雨何王府，楊柳春風彼相橋」；曾景建詩云：「九十日春晴景少，一千年事亂時多」，當國者見而惡之，並行貶斥景建布衣也，臨川人竟謫春陵死焉。其往春陵也，作詩曰：「挾策行行訪楚囚，也勝流落橋南州，鬢絲半是吳蠶吐，襟血全因蜀鳥流，徑窄不妨遺薾粟，路長那更聽釣輈，家山千里雲千疊，十口生離兩地愁。」（明萬曆辛丑（二十九年）武林謝氏刊本）

周密《齊東野語》卷十六〈詩道否泰〉：

寶慶間李知孝爲言官，與曾極景建有隙，每欲尋釁以報之。適極有春詩云：「九十日春晴景少，百千年事亂時多」，刊之《江湖集》中，因復改劉子翬汴京紀事一聯爲極詩云：「秋雨梧桐皇子宅，春風楊柳相公橋」，初劉詩云：「夜月池臺王傅宅，春風楊柳太師橋」，今所改句以爲指巴陵及史丞相。及劉潛夫黃巢戰場詩云：「未必朱三能跋扈，都緣鄭五次經綸」。遂皆指謗訕，押歸聽讀。同時被累者，如敖陶孫、周文璞、趙師秀及刊詩陳起皆不得免焉。於是江湖以詩爲諱者兩年。

方回《瀛奎律髓》卷二十劉潛夫〈落梅〉詩：

當寶慶初史彌遠廢立之際，錢塘書肆陳起宗之能詩，凡江湖詩人皆與之善，宗之刊《江湖集》以售，南嶽稿與焉。宗之賦詩有云：「秋雨梧桐皇子府，春風楊柳相公橋」，哀濟邸而誚彌遠，本改劉屏山句。敖曜菴器之爲太學生時，以詩痛趙忠定丞相之死，韓侂冑下吏逮捕，亡命。韓敗，乃始登第，致仕而老矣。或嫁秋雨春風之句爲敖器之所作，言者併潛夫梅詩論列劈《江湖集》板，二人皆坐罪。初彌遠議下大理，逮治，鄭丞相清之在瑣闈，白彌遠，中輟，而宗之坐流配。於是詔禁士大夫作詩。癸巳紹定，彌遠死，詩禁解。潛夫爲〈病後訪梅九絕〉，首云：「夢得因桃卻左遷，長源爲柳忤當權，幸然不識桃并柳，卻被梅花累十年。」

江湖詩禍之背景，須由濟王被史彌遠所廢，另立理宗之事談起：嘉定十七年（1224）八月，寧宗病篤，史彌遠謀廢皇子——濟王竑，而「稱詔以貴誠爲皇子，改賜名昀。」寧宗駕崩後，矯詔策立昀嗣皇帝位，是爲理宗，而另封竑爲濟王。理宗寶慶元年（1225）正月，「湖州盜潘壬、潘丙、潘甫謀立濟王竑，竑聞變，匿水竇中，盜得之，擁至州治，以黃袍加其身。……竑乃遣王元春告於朝而率州兵誅賊。彌遠奏遣殿司將彭壬討之，至則盜平，又譴其客秦天錫託宣醫治竑疾，諭

旨逼竑死，尋詔貶爲巴陵郡公。」〔註3〕

　　而由以上資料可知：江湖詩禍乃因《江湖集》刊刻「未必朱三能跋扈，都緣鄭五欠經綸」〔註4〕，「東風謬掌花權柄，卻忌孤高不主張」〔註5〕，「九十日春晴景少，百千年事亂時多」〔註6〕，「秋雨梧桐皇子府，春風楊柳相公橋」〔註7〕，這些引起江湖詩禍之詩，皆寫於南宋政治黑暗時期，表面上或懷古，或傷時，或詠物，然暗諷朝政之意味實相當明顯。

　　《齊東野語》以爲詩中有指巴陵及史丞相，而《瀛奎律髓》則以爲詩中乃因「哀濟邸而誚彌遠」招禍，然經張宏生《江湖詩派研究》所考：林希逸《後村先生劉公行狀》云：「言官李知孝、梁成大箋公《落梅》詩與「朱三」、「鄭五」之白，激怒當國，凡得譴。」可見，羅、周、方三家記載中的言官，當主要爲此二人。考《宋史梁成大傳》和《李知孝傳》二人皆於寶慶元年拜監察御史，而又不遺餘力地打擊眞德秀等人，其構陷《江湖集》中的作品，也當在這一年。而《江湖集》刊於寶慶元年之前，故集中之詩作不可能是針對史彌遠廢太子之事而有所諷刺。

　　然江湖詩人，不論對史彌遠或當時政治之黑暗，都相當不滿，例如：《西江志》卷八十：「（曾極）嘗游金陵，題行宮龍屛，忤時相史彌遠。」這首詩見於《金陵百詠》〈石龍屛風〉：「乘雲游霧過江東，繪事當年笑葉公，可恨橫空千丈勢，翦裁今入小屛風。」張端義曾上〈劾史彌遠疏〉：「城狐社鼠，布滿中處。」〔註8〕由此可知，史彌遠藉廢太子之事劈《江湖集》板，雖說欲加之罪，何患無辭，然江湖詩人對時政之不滿，早已被當政者視作眼中釘，故史彌遠劈《江湖集》以殺雞儆猴，並非事出無因。

　　江湖詩禍之政治恐怖一直延續了二十多年。劉克莊有一詩題云：「辛亥去國，陳宗之、胡希聖送行，避謗不敢見，希聖贈二詩亦不敢答，乙卯追和其韻。」〔註9〕辛亥即淳祐十一年（1251），此年正有人重提〈落梅詩〉，故意陷害劉克莊有不忠之心，故劉克莊才須避謗，直至乙卯年（1255），始敢追和胡希盛之詩。

〔註3〕《宋史》〈理宗本紀〉。
〔註4〕此爲劉克莊〈黃巢戰場〉之詩，然未見於《後村大全集》。
〔註5〕劉克莊〈落梅詩〉：「一片能教一斷腸，可堪平砌更堆牆，飄如遷客來過嶺，墜似騷人去赴湘，亂點莓苔多莫數，偶黏衣袖久留香，東風謬掌花權柄，卻忌孤高不主張。」
〔註6〕張宏生《江湖詩派研究》考：此爲曾極〈春〉詩，然不見於《金陵百詠》，可能原收於《春陵小雅》，此書今已亡佚。
〔註7〕此詩之作者有陳起、敖陶孫、趙汝迣、曾極四種說法，詳見本章第三節註21。
〔註8〕《貴耳集》。
〔註9〕《後村大全集》卷二十二。

二、江湖詩派之文學背景

南宋詩派以江西、四靈、江湖詩派爲最著，而三派又有著密切關係，故討論《江湖集》之文學背景，須由此三派入手。

自江西詩派開山鼻祖黃庭堅崛起於北宋，一傳而最著者有二十五人〔註 10〕，由二十五人再傳而披靡南宋，爲宋詩各派勢力最久長者。江西詩派自黃山谷宗杜甫，即興起一股模擬用拗之風，而「山谷詩又好使事」〔註 11〕這種模擬、用拗、用事之習，至南宋流弊甚多，《庚溪詩話》：「山谷之詩，清新奇峭，然近時學其詩者，必使聲韻拗捩，詞語艱澀，曰江西格也，此何爲哉？」游默齋序張晉彥詩：「近世以來學江西詩，不善其學，往往音節聱牙，意象迫切，且議論太多，失古詩吟詠性情之本意。」故至楊萬里已經思變，例如：楊萬里《江湖集》序：「予少作有詩千餘篇，至紹興壬午，皆焚之，大概江西體也。今所存曰《江湖集》者，蓋學後山半山及唐人者也。」〔註 12〕《荊溪集》序：「予之詩始學江西諸君子，既又學後山五字律，既又學半山老人七字絕句，晚乃學絕句於唐人，戊戌作詩，忽若有悟，於是辭謝唐人及王陳江西諸君子，皆不敢學，而後欣如也。口占數首，則瀏瀏焉無復前日之軋軋矣。」〔註 13〕

楊萬里詩格，有短有長，短詩由於用語自由，題材出奇，表現新穎，故被評爲粗俗儈俚或輕儇佻巧〔註 14〕。可見其後期詩風已跳出江西詩派。而楊萬里《朝天續集》之〈讀笠澤叢書三絕〉其一云：「笠澤詩名千載香，一回一讀斷人腸；晚唐異味誰同賞？近日詩人輕晚唐。」可知楊萬里已不再鍾情老杜，而開始對晚唐詩感到興趣。其後期反江西、推崇晚唐詩，及傾向自由平易之詩風，皆爲四靈、江湖詩派作了指引先鋒。另外，陸游、姜夔亦爲江湖詩派之前輩，然二人之影響不及楊萬里之深遠顯著，故略而不提。

理宗淳祐至度宗咸淳年間，「江西」益呈衰微，反江西之風日漸興盛。「江西」與「反江西」之勢力消長有一段時間，南宋詩流大有不歸楊則歸墨的局面，如趙子固《彝齋集》卷三〈孫雪齋詩序〉：「竊怪夫今之言詩者，江西、晚唐之交詆也，

〔註 10〕據宋趙彥衛《雲麓漫鈔》卷十四，介紹各本中《江湖詩社宗派圖》。
〔註 11〕《載酒園詩話》。
〔註 12〕《誠齋集》卷八十。
〔註 13〕同註 12。
〔註 14〕《載酒園詩話》：「誠齋論詩最多妙語，自作則入豪邁一路。」《石洲詩話》卷四：「誠齋以輕獧佻巧之音，作劍拔弩張之態，閱至十首之外，輒令人厭不欲觀，此眞詩家之魔障。」皆詆其短者也。

彼病此冗，此嘗彼拘。」而當時反江西者，即以四靈、江湖詩派爲主。〔註15〕

　　錢鍾書《宋詩選註》〈徐璣小傳〉：「徐璣……徐照……翁卷……、趙師秀——並稱四靈，開創了所謂江湖派。」一般說來，四靈、江湖詩派是很難分的，因四靈除徐照、翁卷終於布衣外，其餘二人——趙師秀、徐璣，官位亦不高，四人皆符合江湖詩人之條件，且四靈與江湖詩人多有交遊，其詩亦見收於陳起所刻之《江湖集》中。故胡明云：「四靈，江湖之先鋒；江湖，四靈之餘緒。」〔註16〕而《四庫全書總目提要》亦云：「江湖末派以趙紫芝爲矩獲，以高翥爲羽翼，以陳起爲聲氣之連絡，以劉克莊爲領袖。終南宋之世，不出此派。」

　　嚴羽《滄浪詩話》：「近世趙紫芝、翁靈舒輩獨賈島、姚合之詩，稍稍復就清苦之風。江湖詩人多效其體，一時自謂之唐宗。」四靈、江湖雖標宗晚唐，然所學僅爲姚賈體，故而末造之江湖詩更是「極凄切於風雲花鳥之摹寫，力屛氣消，規規晚唐之音調。」〔註17〕顧嗣立《寒廳詩話》評四靈：「間架太狹，學問太淺」，故四靈、江湖詩派雖爲救江西詩派弊病，然不免自陷胡同。劉克莊〈劉圻父詩集序〉批評江西、江湖：「余嘗病世之爲唐律者（按：江西詩派），膠擧淺易，窘局才思，千篇一體；而爲派者（按：江湖詩派），則又馳鶩廣遠，蕩棄幅尺，一臭味盡。」〔註18〕指出兩派同樣弊病百出。

　　江湖詩派在中國文學史上之評價不高，除窘於篇幅，淺於情意，骨趣猥俚，氣格屛弱之缺點外，主要仍因以詩干謁之習爲後世所詬，然此派中亦不乏關心朝政，感慨時事之詩作。陳起所刻之《江湖集》遭劈板即爲一明顯例證。

　　胡明《南宋詩人論》：「尤其再揑一下的是陳起這個人的文學意識和組織能力，沒有他編撰江湖諸集，這一批人的絕大部分恐怕就難以留下姓名和作品，也不會有這麼一個叫作江湖派的詩人群體的命名。他有點像現代西方的某些出版商和電影製片人，往往是一種文學潮流或風氣客觀上的直接推動者。他懂詩，自己也作詩，當然也懂出版經濟。聯絡詩人爲了刻書，刻書爲了出售，出售爲了掙錢，同時也爲了詩的事業，爲了詩的事業還吃官司、坐流配。劉克莊〈贈陳起〉詩云：『陳侯生長紛華地，卻以芸香自沐薰』，高格調、大眼光可見，在一部中國文學史上，由一個出版商組織，甚至可以說是開啓一個文學流派的，恐怕絕無僅有，筆者作這篇〈江湖流派泛論〉論得很泛泛，唯獨對這個陳起自認爲說了幾句不甚泛泛的

〔註15〕胡明《南宋詩人論》。
〔註16〕同註15。
〔註17〕袁桷，《清容居士集》卷四十八〈書湯西樓詩後〉。
〔註18〕《後村大全集》卷九十四。

話。」〔註 19〕誠如其所言，陳起之《江湖集》確實保留江湖詩人之姓名及作品，然是否由他開啓了江湖詩派，卻是值得商榷的，首先《江湖集》之名，早已爲楊萬里之詩集所啓用，甚至清翁方綱批評江湖詩風亦直接歸罪於楊萬里身上。〔註 20〕故江湖詩派應非由陳起所開啓，然江湖詩派確實因陳起之《江湖集》有了連絡和組織，也因陳起之《江湖集》慘遭劈板，而聲名大噪。不容否認地，江湖詩派在中國詩史上佔有一席之地，陳起出版之功，確不可沒。

第二節　《江湖集》版本及所收詩人

　　由宋代現存資料可知：陳起曾將江湖詩人之詩集，彙集一書，名爲《江湖集》（詳見第三章第二節寶慶刻本《江湖集》之介紹）。然因書中疑有暗諷朝政之詩，故於南宋寶慶初年，即慘遭劈板，散佚情形相當嚴重。後代爲《江湖集》輯佚之書甚多，書名卻混而不一，而所收之詩人亦參差有異。茲將所知後代爲《江湖集》輯佚之書，作一整理，列表於後。

　　以下輯書，大致可分四類：

　　　　第一類是由南宋文獻資料中，推測寶慶初年陳起編刻之《江湖集九卷》。

　　　　第二類是明代《永樂大典》引錄之《江湖集》叢刊。

　　　　第三類是大陸現藏清代之《群賢小集》叢刊鈔本及刻本。

　　　　第四類是台灣現藏清代之《群賢小集》叢刊鈔本及刻本。

以下二表即依此四類整理，本章第三節再逐一介紹。

表三：各輯《江湖集》編者、版本一覽表

序號	書　　　名	編者	版　　　本
一、（宋）寶慶刻本			
1	《江湖集》九卷	陳起	寶慶刻本
二、輯自《永樂大典》之《江湖集》叢刊			
1	江湖前詩		永樂大典本
2	江湖前集		永樂大典本

〔註，19〕同註 15。
〔註 20〕翁方綱《七言律詩鈔凡例》。

3	江湖集		永樂大典本
4	中興江湖集		永樂大典本
5	江湖詩集		永樂大典本
6	江湖後集		永樂大典本
7	江湖續集		永樂大典本
8	江湖前賢小集		永樂大典本
9	江湖前賢小集拾遺		永樂大典本
三、大陸所藏清代《群賢小集》			
1	南宋六十家小集（97卷）	陳起	毛氏汲古閣景宋本
2	六十名家小集（78卷）	陳起	清冰葭閣鈔本
3	南宋六十家小集	陳思	清吳焯藏本
4	群賢小集（88卷）	陳起	清周春藏本
5	群賢小集（68種122卷）	陳思	清鈔本
6	南宋群賢小集（68種91卷）	陳思	清鈔本
7	南宋群賢小集（96卷）	陳起	清趙氏小山堂鈔本
8	江湖集（16卷，闕卷13至16）	陳起	昭和43年景東京內文庫藏昌平版鈔本
9	江湖小集（43種57卷）	陳起	清初鈔本
四、台灣所藏清代《群賢小集》			
1	宋名家小集（99卷）	陳起	舊鈔本　乾隆45年
2	南宋群賢六十家小集（96卷）	陳起	古書流通處景印本
3	南宋群賢小集（存15卷）	陳起	舊鈔本
4	南宋群賢小集（95卷）	陳起	民國61年台北藝文印書館景宋刊本
5	南宋群賢小集（73種）	陳起	嘉慶六年讀畫齋刊
6	南宋群賢小集（一名《江湖集》70種）	陳起	清手鈔本
7	江湖小集（96卷）	陳起	舊鈔本
8	江湖小集（95卷）	陳起	四庫全書本
9	江湖後集（24卷）	陳起	四庫全書本

表四：各輯《江湖集》所收詩人一覽表

類別*1	序號*2	所收詩人							
一	1							方惟深	
二	1								
	2								
	3		王諶						無名氏
	4							方惟深	
	5								
	6	萬俟紹之				王志道			
	7		王諶	王琮			毛珝		
	8								
	9								
三	1			王琮	王同祖		毛珝		
	2			王琮	王同祖		毛珝		
	3			王琮	王同祖		毛珝		
	4			王琮	王同祖		毛珝		
	5			王琮	王同祖		毛珝		
	6			王琮	王同祖		毛珝		
	7			王琮	王同祖		毛珝		
	8			王琮	王同祖		毛珝		
	9				王同祖				
四	1			王琮	王同祖		毛珝		
	2			王琮	王同祖		毛珝		
	3								
	4			王琮	王同祖		毛珝		
	5			王琮	王同祖		毛珝		
	6			王琮	王同祖		毛珝		
	7			王琮	王同祖		毛珝		
	8			王琮	王同祖		毛珝		
	9	萬俟紹之	王諶			王志道			

*1 「類別」欄中之「一」，表示第一類「（宋）寶慶刻本」；「二」表示第二類「輯自永樂大典之江湖集叢刊」；「三」表示第三類「大陸所藏清代群賢小集」；「四」表示第四類「台灣所藏清代群賢小集」。

*2 表中「序號」欄之阿拉伯數字，即以上四類之該類版本序號。

所收詩人								
盧祖皋	葉茵		史衛卿		鄧允端			朱南杰
		葉紹翁						
			史衛卿		鄧允端			
	葉茵			鄧林	鄧允端		馮時行	
	葉茵	葉紹翁		鄧林				朱南杰
	葉茵	葉紹翁		鄧林				朱南杰
	葉茵	葉紹翁		鄧林		樂雷發		朱南杰
	葉茵	葉紹翁		鄧林		樂雷發		朱南杰
	葉茵	葉紹翁		鄧林		樂雷發		朱南杰
	葉茵	葉紹翁		鄧林		樂雷發		朱南杰
	葉茵	葉紹翁		鄧林				朱南杰
	葉茵	葉紹翁		鄧林		樂雷發		朱南杰
				鄧林				朱南杰
	葉茵	葉紹翁		鄧林		樂雷發		朱南杰
	葉茵	葉紹翁		鄧林				朱南杰
	葉茵	葉紹翁		鄧林				朱南杰
	葉茵	葉紹翁		鄧林		樂雷發		朱南杰
	葉茵	葉紹翁		鄧林		樂雷發		朱南杰
	葉茵	葉紹翁		鄧林		樂雷發		朱南杰
	葉茵	葉紹翁		鄧林		樂雷發		朱南杰
	葉茵		史衛卿		鄧允端		朱復之	

類別	序號	所收詩人						
一	1			劉過				
二	1							
	2							
	3			劉過	劉植			
	4			劉過				
	5							
	6							
	7	朱繼芳						
	8							
	9							
三	1	朱繼芳		劉過		劉翰	劉翼	
	2	朱繼芳				劉翰	劉翼	
	3	朱繼芳		劉過		劉翰	劉翼	
	4	朱繼芳		劉過		劉翰	劉翼	
	5	朱繼芳		劉過		劉翰	劉翼	
	6	朱繼芳		劉過		劉翰	劉翼	
	7	朱繼芳				劉翰	劉翼	
	8	朱繼芳		劉過		劉翰	劉翼	
	9		朱淑眞	劉過		劉翰		
四	1	朱繼芳				劉翰	劉翼	
	2	朱繼芳		劉過		劉翰	劉翼	
	3	朱繼芳					劉翼	
	4	朱繼芳		劉過		劉翰	劉翼	
	5	朱繼芳		劉過		劉翰	劉翼	
	6	朱繼芳		劉過		劉翰	劉翼	
	7	朱繼芳		劉過		劉翰	劉翼	
	8	朱繼芳		劉過		劉翰	劉翼	
	9	朱繼芳			劉植			劉子澄

所 收 詩 人									
	劉克莊								
	劉克莊				危積			**杜旃**	
	劉克莊								
劉仙倫		許棐						杜旃	
劉仙倫						嚴粲		杜旃	楊甲
劉仙倫		許棐		危積		嚴粲		杜旃	
劉仙倫		許棐		危積		嚴粲		杜旃	
劉仙倫		許棐				嚴粲		杜旃	
劉仙倫		許棐				嚴粲		杜旃	
劉仙倫		許棐						杜旃	
劉仙倫		許棐				嚴粲		杜旃	
		許棐				嚴粲	杜范	杜旃	楊甲
劉仙倫		許棐		危積		嚴粲		杜旃	
劉仙倫		許棐		危積				杜旃	
劉仙倫		許棐						杜旃	
劉仙倫		許棐		危積				杜旃	
劉仙倫		許棐		危積				杜旃	
劉仙倫		許棐		危積		嚴粲		杜旃	
劉仙倫		許棐		危積		嚴粲		杜旃	
				鞏丰	危積				

類別	序號	所 收 詩 人					
一	1						
二	1						
	2				李　泳		
	3		楊萬里	李　龏		李　濤	李　鐇	
	4				李　泳		
	5						
	6			李　龏			
	7			李　龏			
	8						李工侍
	9						
三	1					李　濤	
	2			李　龏		李　濤	
	3			李　龏		李　濤	
	4			李　龏		李　濤	
	5			李　龏		李　濤	
	6			李　龏		李　濤	
	7			李　龏		李　濤	
	8			李　龏		李　濤	
	9	楊　備					
四	1			李　龏		李　濤	
	2					李　濤	
	3						
	4			李　龏		李　濤	
	5			李　龏		李　濤	
	6			李　龏		李　濤	
	7			李　龏		李　濤	
	8			李　龏		李　濤	
	9			李　龏			

所收詩人								
			大李梁氏					
			大李梁氏					
李功父								
						吳汝式		吳惟信
				吳淵		吳汝式		吳惟信
				吳淵		吳汝式		吳惟信
				吳淵		吳汝式		吳惟信
				吳淵		吳汝式		吳惟信
				吳淵		吳汝式		吳惟信
						吳汝式		吳惟信
						吳汝式		吳惟信
					吳潛			
						吳汝式	吳仲方	
						吳汝式	吳仲方	
						吳汝式		吳惟信
				吳淵		吳汝式	吳仲方	
				吳淵		吳汝式	吳仲方	
				吳淵		吳汝式	吳仲方	
				吳淵		吳汝式		吳惟信
	李自中	李時可					吳仲方	

類別	序號	所 收 詩 人					
一	1						
二	1						
	2						
	3						
	4						
	5						
	6						
	7						
	8						
	9						
三	1		何應龍	余觀復	鄒登龍	沈　說	
	2	何　耕	何應龍	余觀復	鄒登龍	沈　說	
	3		何應龍	余觀復	鄒登龍	沈　說	
	4		何應龍	余觀復	鄒登龍	沈　說	
	5		何應龍	余觀復	鄒登龍	沈　說	
	6		何應龍	余觀復	鄒登龍	沈　說	
	7		何應龍	余觀復	鄒登龍	沈　說	
	8		何應龍	余觀復	鄒登龍	沈　說	
	9					宋　無	宋慶之
四	1		何應龍	余觀復	鄒登龍	沈　說	
	2		何應龍	余觀復	鄒登龍	沈　說	
	3						
	4		何應龍	余觀復	鄒登龍	沈　說	
	5		何應龍	余觀復	鄒登龍	沈　說	
	6		何應龍	余觀復	鄒登龍	沈　說	
	7		何應龍	余觀復	鄒登龍	沈　說	
	8		何應龍	余觀復	鄒登龍	沈　說	
	9						

所收詩人							
						張至龍	
		張弋	張煒			張至龍	張良臣
宋自遜							
			張煒	張槼	張蘊		
宋伯仁	利登	張弋			張蘊	張至龍	張良臣
宋伯仁	利登	張弋			張蘊	張至龍	張良臣
宋伯仁	利登	張弋			張蘊	張至龍	張良臣
宋伯仁	利登	張弋			張蘊	張至龍	張良臣
宋伯仁	利登	張弋			張蘊	張至龍	張良臣
宋伯仁	利登	張弋			張蘊	張至龍	張良臣
宋伯仁	利登	張弋			張蘊	張至龍	張良臣
宋伯仁	利登	張弋			張蘊	張至龍	張良臣
					張蘊	張至龍	
宋伯仁	利登	張弋			張蘊	張至龍	張良臣
宋伯仁	利登	張弋			張蘊	張至龍	張良臣
	利登	張弋			張蘊		張良臣
宋伯仁	利登	張弋			張蘊	張至龍	張良臣
宋伯仁	利登	張弋			張蘊	張至龍	張良臣
宋伯仁	利登	張弋			張蘊	張至龍	張良臣
宋伯仁	利登	張弋			張蘊	張至龍	張良臣
			張煒	張槼	張蘊		

類別	序號	所　收　詩　人					
一	1			張端義				陳　起
二	1							
	2							
	3	張紹文	張敏則		來　梓		陳　造	
	4							
	5							
	6							
	7							陳　起
	8							
	9							
三	1							陳　起
	2							陳　起
	3							陳　起
	4							陳　起
	5							陳　起
	6							陳　起
	7							陳　起
	8							陳　起
	9				陳　峴			
四	1							陳　起
	2							
	3							
	4							陳　起
	5							陳　起
	6							陳　起
	7							陳　起
	8							陳　起
	9	張紹文						陳　起

所 收 詩 人								
陳翊								
	陳允平	陳必復	陳宗遠	陳起宗				
	陳允平	陳必復						
							邵伯溫	
	陳允平	陳必復			陳鑒之			
	陳允平	陳必復			陳鑒之			
	陳允平	陳必復			陳鑒之			
	陳允平	陳必復			陳鑒之			
	陳允平	陳必復			陳鑒之			
	陳允平	陳必復			陳鑒之			
	陳允平	陳必復			陳鑒之			
	陳允平	陳必復			陳鑒之			
	陳允平	陳必復					邵桂子	
	陳允平	陳必復			陳鑒之			
	陳允平	陳必復			陳鑒之			
		陳必復			陳鑒之			
	陳允平	陳必復			陳鑒之			
	陳允平	陳必復			陳鑒之			
	陳允平	陳必復			陳鑒之			
	陳允平	陳必復			陳鑒之			
	陳允平	陳必復			陳鑒之			
		陳必復	陳宗遠					

類別	序號	所收詩人						
一	1							
二	1							
	2							
	3							
	4							
	5							
	6							
	7		武衍			林希逸		林表民
	8							
	9							
三	1	岳珂	武衍			林希逸	林尚仁	
	2		武衍			林希逸	林尚仁	
	3		武衍	林同		林希逸	林尚仁	
	4		武衍	林同		林希逸	林尚仁	
	5		武衍	林同		林希逸	林尚仁	
	6			林同		林希逸	林尚仁	
	7		武衍			林希逸	林尚仁	
	8		武衍	林同		林希逸	林尚仁	
	9	岳珂						
四	1		武衍			林希逸	林尚仁	
	2	岳珂	武衍			林希逸	林尚仁	
	3					林希逸	林尚仁	
	4		武衍	林同		林希逸	林尚仁	
	5		武衍	林同		林希逸	林尚仁	
	6		武衍	林同		林希逸	林尚仁	
	7		武衍				林尚仁	
	8		武衍	林同			林尚仁	
	9		武衍		林昉	林希逸		林表民

所 收 詩 人								
							周文璞	周師成
卓汝恭		羅　椅	羅與之	周　孚				
	金華山人							
		羅　椅			周　密	周　弼		
			羅與之			周　弼	周文璞	
			羅與之					
			羅與之				周文璞	
			羅與之			周　弼		
			羅與之			周　弼	周文璞	
			羅與之			周　弼		
						周　弼	周文璞	
			羅與之				周义璞	
						周　弼	周文璞	
			羅與之			周　弼	周文璞	
			羅與之			周　弼	周文璞	
							周文璞	
			羅與之			周　弼	周文璞	
			羅與之			周　弼	周文璞	
			羅與之					
							周文璞	
			羅與之			周　弼	周文璞	

類別	序號	所收詩人					
一	1						趙汝迁
二	1						
二	2	周瑞臣	鄭俠	鄭克己			
二	3	周瑞臣		鄭克己	鄭清之	趙與時	
二	4						
二	5					趙汝回	
二	6	周瑞臣			鄭清之		
二	7						
二	8						
二	9						
三	1	周瑞臣					
三	2						
三	3						
三	4						
三	5						
三	6						
三	7						
三	8						
三	9						
四	1						
四	2						
四	3						
四	4						
四	5						
四	6						
四	7						
四	8						
四	9	周瑞臣			鄭清之	趙汝回	

所 收 詩 人								
		趙師秀						
	趙汝鐩		趙希侢		趙庚夫		趙崇嶓	
		趙師秀						趙善扛
	趙汝鐩						趙崇嶓	
	趙汝鐩			趙希璐		趙崇鈇		
				趙希璐		趙崇鈇		
				趙希璐		趙崇鈇		
				趙希璐		趙崇鈇		
	趙汝鐩			趙希璐		趙崇鈇		
				趙希璐		趙崇鈇		
				趙希璐		趙崇鈇		
				趙希璐		趙崇鈇		
						趙崇鈇		
	趙汝鐩			趙希璐		趙崇鈇		
	趙汝鐩			趙希璐		趙崇鈇		
				趙希璐		趙崇鈇		
	趙汝鐩			趙希璐		趙崇鈇		
	趙汝鐩			趙希璐		趙崇鈇		
				趙希璐		趙崇鈇		
				趙希璐		趙崇鈇		
趙汝績	趙汝鐩				趙庚夫		趙崇嶓	

類別	序號	所收詩人					
一	1						
二	1						
	2						
	3		胡仲弓	胡仲參	俞桂	施樞	
	4	姜夔					蒲陽柯氏
	5	姜夔					
	6						
	7		胡仲弓				
	8						
	9						
三	1	姜夔		胡仲參	俞桂	施樞	
	2			胡仲參	俞桂	施樞	洪邁
	3	姜夔		胡仲參	俞桂	施樞	洪邁
	4			胡仲參	俞桂	施樞	洪邁
	5	姜夔		胡仲參	俞桂	施樞	洪邁
	6			胡仲參	俞桂	施樞	洪邁
	7	姜夔		胡仲參	俞桂	施樞	
	8	姜夔		胡仲參	俞桂	施樞	洪邁
	9	姜夔				施樞	
四	1			胡仲參	俞桂	施樞	洪邁
	2	姜夔		胡仲參	俞桂	施樞	
	3				俞桂		
	4	姜夔		胡仲參	俞桂	施樞	
	5	姜夔		胡仲參	俞桂	施樞	
	6	姜夔		胡仲參	俞桂	施樞	洪邁
	7	姜夔		胡仲參	俞桂	施樞	洪邁
	8	姜夔		胡仲參	俞桂	施樞	洪邁
	9		胡仲弓	胡仲參	俞桂		

所 收 詩 人						
			敖陶孫	徐文卿		
姚寬	姚鋪			徐文卿		
			敖陶孫			
			敖陶孫			
						徐集孫
	姚鋪		敖陶孫			徐集孫
	姚鋪		敖陶孫			徐集孫
	姚鋪		敖陶孫			徐集孫
	姚鋪		敖陶孫			徐集孫
	姚鋪		敖陶孫			徐集孫
	姚鋪		敖陶孫			徐集孫
	姚鋪	姚述堯	敖陶孫			徐集孫
	姚鋪		敖陶孫			徐集孫
	姚鋪		敖陶孫			徐集孫
	姚鋪		敖陶孫			徐集孫
	姚鋪		敖陶孫			徐集孫
	姚鋪		敖陶孫			徐集孫
	姚鋪		敖陶孫			徐集孫
	姚鋪		敖陶孫			
	姚鋪		敖陶孫			徐集孫
	姚鋪		敖陶孫			徐集孫
姚寬	姚鋪		敖陶孫		徐從善	徐集孫

類別	序號	所　收　詩　人					
一	1		晁公武		*高　翥		
二	1						
	2						
	3				高　翥		
	4	翁　卷					高　氏
	5						
	6						
	7			高　吉			
	8						
	9						
三	1				高　翥	高似孫	
	2				高　翥	高似孫	
	3				高　翥	高似孫	
	4				高　翥	高似孫	
	5				高　翥	高似孫	
	6				高　翥	高似孫	
	7				高　翥	高似孫	
	8				高　翥	高似孫	
	9					高似孫		柴　望
四	1				高　翥	高似孫	
	2				高　翥	高似孫	
	3						
	4				高　翥	高似孫	
	5				高　翥	高似孫	
	6				高　翥	高似孫	
	7				高　翥	高似孫	
	8					高似孫	
	9			高　吉			

所 收 詩 人							
郭從范							
		黃簡		黃文雷		黃敏求	
							蕭　立
			黃大受	黃文雷			
	陶　弼		黃大受	黃文雷			
			黃大受	黃文雷			
	陶　弼		黃大受	黃文雷			
	陶　弼		黃大受	黃文雷			
	陶　弼		黃大受	黃文雷			
			黃大受	黃文雷	黃希旦		
			黃大受	黃文雷			
眞德秀							
			黃大受	黃文雷			
			黃大受	黃文雷			
			黃大受	黃文雷			
			黃大受	黃文雷			
			黃大受	黃文雷			
			黃大受	黃文雷			
			黃大受	黃文雷			
				黃文雷		黃敏求	

類別	序號	所 收 詩 人						
一	1							
二	1							
	2							
	3	蕭瀣	蕭元之					
	4							
	5							
	6							
	7	蕭瀣			盛世忠		章粲	
	8							
	9							
三	1							葛天民
	2							葛天民
	3							葛天民
	4							葛天民
	5							葛天民
	6							葛天民
	7							葛天民
	8							葛天民
	9							葛天民
四	1							葛天民
	2							葛天民
	3							葛天民
	4							葛天民
	5							葛天民
	6							葛天民
	7							葛天民
	8							葛天民
	9	蕭瀣	蕭元之	盛烈	盛世忠	章采	章粲	

所 收 詩 人								
葛起文					程炎子		曾 几	
								曾 鞏
					程炎子	董 杞		
	葛起耕							
	葛起耕							
	葛起耕							
	葛起耕							
	葛起耕							
	葛起耕							
	葛起耕							
		韓信同						
	葛起耕							
	葛起耕							
	葛起耕							
	葛起耕							
	葛起耕							
	葛起耕							
	葛起耕							
葛起文		儲 泳		程 桓	程炎子	董 杞		

類別	序號	所　收　詩　人					
一	1	曾　極					
二	1						
	2						
	3		曾由基			釋紹嵩	釋斯植	
	4							
	5							
	6							
	7		曾由基		釋永頤	釋紹嵩	釋斯植	
	8							
	9							
三	1				釋永頤		釋斯植	
	2				釋永頤		釋斯植	
	3				釋永頤	釋紹嵩	釋斯植	
	4				釋永頤			
	5				釋永頤	釋紹嵩	釋斯植	
	6				釋永頤			
	7				釋永頤		釋斯植	
	8				釋永頤		釋斯植	
	9		裘萬頃					
四	1				釋永頤		釋斯植	
	2				釋永頤		釋斯植	
	3							
	4				釋永頤	釋紹嵩	釋斯植	
	5				釋永頤	釋紹嵩	釋斯植	
	6				釋永頤	釋紹嵩	釋斯植	
	7					釋紹嵩	釋斯植	
	8					釋紹嵩	釋斯植	
	9		曾由基		釋永頤		釋斯植	釋圓悟

所 收 詩 人								
	薛　嵎			戴復古				
	薛　嵎							
	薛　嵎			戴復古				
	薛　嵎	薛師石		戴復古				
	薛　嵎	薛師石		戴復古				
	薛　嵎	薛師石		戴復古				
	薛　嵎	薛師石		戴復古				
	薛　嵎	薛師石		戴復古				
	薛　嵎	薛師石		戴復古				
	薛　嵎			戴復古				
潘音	薛　嵎	薛師石		戴復古	魏了翁			
	薛　嵎	薛師石		戴復古				
	薛　嵎							
	薛　嵎			戴復古				
	薛　嵎	薛師石		戴復古				
	薛　嵎	薛師石		戴復古				
	薛　嵎	薛師石		戴復古				
	薛　嵎	薛師石		戴復古				
			戴　埴	戴復古				

第三節　各輯書版本說明

一、宋代寶慶刻本《江湖集九卷》

寶慶刻本之《江湖集》於宋代資料有所記載：陳振孫《直齋書錄解題》卷十五《江湖集九卷》條下：「臨安書坊所刻，本取中興以來，江湖之士以詩馳譽者。」方回《瀛奎律髓》卷二十：「錢塘書肆陳起宗之能詩，凡江湖詩人皆與之善，宗之刊《江湖集》以售。」而元馬端臨《文獻通考》亦承陳振孫《直齋書錄解題》所載。由這些資料可知，陳起確實刊刻了《江湖集》九卷，然因書中疑有暗諷朝攻之詩，於寶慶元年（1225）引起詩禍風波，《江湖集》遂因此慘遭劈板，故此本原貌已不復可見。

現由宋代當時及後世之文獻中，略考此本所收之詩人：

（一）《直齋書錄解題》卷十五《江湖集九卷》條下：「方惟深子通，承平人物，晁公武子止，嘗爲從官，乃亦在其中。」據此可知方惟深、晁公武爲此本所收。

（二）《直齋書錄解題》卷十五《蕭秋詩集》一卷：「玉山徐文卿斯遠作蕭秋詩，……，有詩見《江湖集》。」據此可知徐文卿爲此本所收。

（三）宋張世南《遊宦紀聞》卷一：「劉過字改之，能詩詞，流落江湖，酒酣耳熱，出語豪縱，自謂晉宋間人物，其詩篇警策者，已載《江湖集》。」據此可知劉過爲此本所收。

（四）宋方回《瀛奎律髓》卷二十：「宗之刊《江湖集》以售，《南嶽稿》與焉。」《南嶽稿》爲劉克莊之詩集，據此可知劉克莊爲此本所收。另外，羅大經《鶴林玉露》卷四〈詩禍條〉、周密《齊東野語》卷十六〈詩道否泰〉條中，亦載及劉克莊《南嶽稿》引起江湖詩禍之事。

（五）宋張端義《貴耳集》卷上：「余（按：張端義）有〈挽晉仙〉（按：周文璞）詩載《江湖集》中。」據此可知張端義爲此本所收。

（六）宋韋居安《梅澗詩話》卷下：「鄉人周師成，字宗聖，號雉山，妙年擢第，博學工詩文，一時名勝，如盧甲之、趙紫芝、劉潛夫諸公，皆與之遊，有家藏集。《江湖吟稿》中僅刊十數首。」據此可知周師成爲此本所收。

（七）宋葉紹翁《四朝聞見錄》卷三〈悼趙忠定詩〉：「敖陶孫旋中乙丑第，由此得詩名，《江湖集》中詩最多。」據此可知敖陶孫爲此本所收。

（八）清朱彝尊《曝書亭集》卷卅六〈信天巢遺稿序〉：「宋處士菊澗高先生（高翥）嘗以信天巢名其居。先生高尚不仕，以詩聞於時。……今宋本，先生

詩殆即《江湖集》中之一。」據此可知高翥爲此本所收。

（九）宋周密《齊東野語》卷十六〈詩道否泰〉：「寶慶間，李知孝爲言官，與曾極景建有隙，每欲尋釁以報之，適有春詩云：『九十日春晴景少，百千年事亂時多』刊之《江湖集》中。……及劉潛夫劉克莊黃巢戰場詩云：『未必朱三能跋扈，都緣鄭五欠經綸』，遂皆指爲謗訕，押皆聽讀。同時被累者，如敖陶孫、周文璞、趙師秀及刊詩陳起皆不得免焉，於是江湖以詩爲諱者兩年。」據此可知曾極、劉克莊、敖陶孫、周文璞、趙師秀之詩皆刊於此本《江湖集》中，因而受累。而本文疑陳起僅因刊刻《江湖集》遭禍，並非眞有詩作載於《江湖集》中。

（十）清李登雲《永樂樂清縣志》卷七〈人物志〉：「趙汝迕，字叔午，以詩名，……嘗賦詩有『夜雨（一作秋雨）梧桐王子（一作皇子）府，春風楊柳相公橋』之句，史相聞之怒，左遷淪落而卒，按秋雨二句或以爲陳宗之詩，或以爲敖器之詩，非。」〔註21〕據此可知趙汝迕爲此本所收。

就所尋之資料，僅知此十四家爲寶慶刻本之《江湖集》所收，茲列於首，與後本對照。

二、明代永樂大典本之《江湖集叢刊》

（一）《江湖前詩》存一家，《江湖前集》存六家。

（二）《江湖集》存六十七家，《中興江湖集》存十五家。因《永樂大典》本有引同一部書，而使用不同名稱之先例。故《中國禁書大觀》云：「《江湖集》的全稱爲《中興江湖集》的可能性也存在」〔註22〕。

〔註21〕對於「秋雨春風」句之作者有不同之說法：

　　（1）《瀛奎律髓》卷二十：「宗之（陳起）賦詩有云：『秋雨梧桐皇子府，春風楊柳相公橋』哀濟邸而諷彌遠，故改劉屏山句也。……或嫁秋雨春風之句爲器之（敖陶孫）所作。」此言以爲詩句乃陳起或嫁敖陶孫所作。

　　（2）羅大經，《鶴林玉露》卷十〈詩禍〉：「敖器之詩云：『梧桐秋雨何王府，楊柳春風彼相橋』。」亦以爲敖陶孫所作。（《鶴林玉露》系採錄中圖明萬曆辛丑武林謝氏刊本）。

　　（3）周密，《齊東野語》卷十六：「寶慶間，李知孝爲言官，與曾極景建有隙，……因復改劉子翬《汴京紀事》一聯爲詩云：『秋雨梧桐皇子宅，春風楊柳相公橋』，初劉詩云：『『夜月池台王傅宅，春風楊柳太師橋』（按《屏山全集》卷十八）今所改句以爲指巴陵及史丞相。」於此則以爲詩句乃曾極所作。

　　（4）以上三種，加上《樂清縣志》以詩句爲趙汝迕所作，則「秋雨春風」句之作者共有四種說法。

〔註22〕安平夜、章培恒編《中國禁書大觀》。

（三）《江湖詩集》存二家，《江湖後集》存九家，《江湖續集》存三十六家，《江湖前賢小集》存一家，《江湖前賢小集拾遺》存一家。

《永樂大典》本爲現存最接近陳起原刻之版本，故所收之詩人，最受重視，爲後本據以恢復《江湖集》原貌之藍本。

三、現藏於大陸之清代《群賢小集叢刊》

（一）《南宋六十家小集》九十七卷（毛氏汲古閣景宋本）　收五十九家
（二）《六十名家小集》七十八卷（清冰葭閣景宋本）　收五十九家
（三）《南宋六十家小集》（清吳焯藏本）　收六十四家
（四）《群賢小集》八十八卷（周春藏本）　收六十二家
（五）《群賢小集》六十八種一百二十二卷（清鈔本）　收六十六家
（六）《南宋群賢小集》六十八種九十一卷（清鈔本）　收五十九家
（七）《南宋群賢小集》九十六卷（清趙昱小山堂鈔本）　收五十八家
（八）《江湖集》十六卷（闕卷十三至十六）（昭和四十三年景東京內閣文庫藏昌平版鈔本）　收六十家
（九）《江湖小集》四十三種五十七卷（清初鈔本）　收四十家

　　明代《永樂大典》本之《江湖集叢刊》，與現藏於大陸之《群賢小集叢刊》，皆爲張宏生《江湖詩派研究》碩士論文中所整理。

四、現藏於台灣之清代《群賢小集叢刊》

（一）《宋名家小集》九十九卷十八冊
　　　　版本：舊鈔本現藏於中央圖書館
　　　　版式：版框高二十七點三公分，寬十七點五公分，半葉十行，行二十字。
　　　　印記：有「國立中央圖書館所藏」（朱方）、「石支過眼」（半朱半白方印）
　　　　其他：共收六十三家
（二）汲古閣景鈔《南宋群賢六十家小集》
　　　1、版本：民國十年上海古書流通處影印本，現藏於史語所傅斯年圖書館
　　　　版式：版框高十七點公分，寬十二點六公分，半葉十行，行十八字，白口，單魚尾，魚尾下記頁數，左右雙欄
　　　　印記：有「傅斯年圖書館」、「國立中央研究院歷史語言研究所圖書之記」

（兩朱長方印）、「三李盦」（白方）、「正闇」（朱方）、「群碧校讀」（朱方）、「群碧樓」（朱方）、「正闇秘笈」（朱方）、「海寧陳琰友季氏曾觀」（朱方）、「群碧居士」（朱方）、「宋本」（朱橢圓印）、「希世之珍」（朱方）、「信天翁」（朱圓印）、「海寧陳立炎所見佳本」（朱方）、「毛晉」（朱方）、「汲古主人」（朱方）

序跋：民國十年鄧邦述序

2、版本：汲古閣景宋鈔《南宋群賢小集》，六十家七十四種九十六卷，現藏台大研圖

版式：版框高十七點一公分，寬十二點三公分，半葉十行，行十八字，白口，單魚尾，魚尾下記頁數，左右雙欄

印記：「國立台灣大學圖書」（朱方）、「三李盦」（白方）、「正闇」（朱方）、「群碧校讀」（朱方）、「群碧樓」（朱方）、「正闇秘笈」（朱方）、「海寧陳琰友季氏曾觀」（朱方）、「群碧居士」（朱方）、「宋本」（朱橢圓印）、「希世之珍」（朱方）、「蕘翁」（朱圓）、「海寧陳立炎所見佳本」（朱方）、「毛」、「晉」（兩朱方）、「汲古主人」（朱方）、「毛氏子晉」（朱方）、「虞陽鮑叔衡過眼」（朱方）

序：陳乃乾於百一廬序

其他：知不足齋輯錄宋集補遺十一種十一卷、南宋八家集（知不足齋影寫）收五十九家

（三）《南宋群賢小集》存十五卷六冊

版本：舊鈔本，現藏於中央圖書館

版式：版高二十五點四公分，寬十七點四公分，行數、字數不定

印記：「國立中央圖書館所藏」（朱長方）、「古香樓」、（朱圓印）、「休寧汪季青家藏書籍」（朱方）、「抱殘」（朱長方）、「董增伵印」（朱回文方印）、「激面軒董氏藏書之印」（朱長方）

（四）《南宋群賢小集》九十三卷

版本：南宋嘉定至景定間臨安府陳解元宅書籍鋪刊本，現藏於國立中央圖書館

版式：版框高十七點一公分，寬十二點九公分，白口，單魚尾，左右雙欄，版心刻有詩集名及頁數

印記：「國立中央圖書館所藏」（朱方）、「吳縣楊壽祺發見錢存宋本」（朱方）、「百堤錢聽默經眼」（朱方）

其他：後附朱彝尊氏跋語及目錄共五葉，另附書前增寫目錄五葉，末增
楊壽祺跋語四葉

（五）《南宋群賢小集》（清）顧修重輯

版本：清嘉慶六年讀畫齋刊本，現藏於史語所傅斯年圖書館

版式：版框高十四點六公分，寬十一點五公分，白口，無魚尾，版心中
間刻有書名及頁數，下方刻「讀畫齋正本」

印記：「武昌柯逢時所藏圖記」（朱方）、「傅斯年圖書館」（朱長方）、「國
立中央研究院歷史語言研究所圖書之記」（朱長方）、「王」、「昶」
（兩朱方）、「出處依稀似樂天」（白方）

序跋：吳焯序、王昶序、顧修序

（六）《南宋群賢六十家小集》（一名《江湖集》）七十種

版本：清手鈔本，現藏於台大研圖

印記：「臺北帝國大學圖書印」（朱方）、「天隨過目」（朱方）

（七）《江湖小集》九十六卷二十冊

版本：中圖藏之舊鈔本

版式：版框高二十四點五公分，寬十七點一公分

印記：有「臣之邠印」（白方）、「國立中央圖書館所藏」（朱方）、「眼月
書巢藏書」（白方）、「宣城季氏瞿研石堂圖書印記」（朱長方印）、
「國立中央圖書館所藏」（朱方）

（八）《江湖小集》九十五卷

版本：四庫全書兩淮鹽政採進本

（九）《江湖後集》二十四卷

版本：四庫全書本

第四節　各輯書之流傳

一、南宋末年寶慶刻本《江湖集九卷》

寶慶初年所輯之《江湖集》，乃唯一確為陳起所輯之書，然因集中疑有譏評朝
政之詩，而引起江湖詩禍，慘遭劈板，故此本於當時即已散佚，現僅能由宋代資
料之記載，得知部分內容，本文第二章第三節已詳為討論，於此不再贅言。

二、明代永樂大典本《江湖集》叢刊

明《永樂大典》載爲陳起所編之《江湖集》叢刊有九種不同之名稱，後人皆據此以爲陳起於《江湖集》劈板後，仍有《江湖後集》、《江湖續集》之編輯，且以爲即因「當時得一家即刻一家」〔註23〕，故「其書刻非一時，板非一律」〔註24〕，然由宋代資料僅知陳起罹禍赦還後，仍繼續書肆生活，並無《江湖前後續集》編纂之記載；且江湖詩禍發生於寶慶元年，觀現存永樂大典本《江湖集》叢刊中之《江湖前詩》、《江湖前集》、《江湖詩集》雖皆存收寶慶元年前之詩作，然幾乎無寶慶刻本之詩人〔註25〕，而永樂本《江湖集》、《江湖續集》則包含許多寶慶元年後之詩家，《江湖後集》甚且有年代晚於陳起死後之詩人；另外，寶慶刻本之《江湖集》所收，乃多爲與他同時代，且有往來之詩人，然《江湖前賢小集》及《江湖前賢小集拾遺》以「前賢」及「拾遺」爲書名，顯然並非陳起所刻，爲後人所輯佚較有可能。綜合以上三點，應可判斷永樂本《江湖集》叢刊大部分皆非寶慶刻本之《江湖集》。唯永樂大典本之《中興江湖集》所收多寶慶刻本之詩人，且詩人時代皆在寶慶元年之前，最有可能接近寶慶刻本之原貌。

寶祐五年（1257）李韽爲周弼《端平詩雋》作序云：「目曰《端平詩雋》，……續芸陳君書塾入梓流行」〔註26〕，由此可知：續芸紹承其父陳起刻書或編書之工作。然現存之文獻資料並無續芸刊刻《江湖續集》、《江湖後集》之記載，故永樂大典本之《江湖集》叢刊是否爲續芸所編輯，則不得而知了。

另外，《永樂大典》殘卷中，各《江湖集》叢刊之名稱大同小異，且各叢刊所收之詩人有重複之現象，與清代《群賢小集》叢刊之流傳情形相同。故疑《永樂大典》收《江湖集》叢刊與《四庫全書》收《江湖小集》之情形相似，皆將當時民間流傳所載「陳起編」之書輯入。所不同者爲：《永樂大典》仍保留各《江湖集》叢刊之書名及諸書中詩人互相重複之原貌，而《四庫全書》則汰其重複之詩人，且不一一保留當時民間所流傳之《群賢小集》叢刊書名，僅統名爲《江湖小集》。

三、清代《群賢小集》叢刊之流傳

鄧邦述跋《汲古閣南宋群賢小集》：「宋賢小集傳本至夥，皆是傳鈔者，其多寡均不一致。」清初之收藏情況大致如下：

〔註23〕汲古閣景宋鈔本之鄧邦述序。
〔註24〕四庫本，《江湖後集提要》。
〔註25〕此處所指寶慶刻本之詩人，乃以本文本章第三節所考之十四人作爲對照。
〔註26〕四庫本李韽，《端平詩雋序》。

1、徐乾學《傳是樓宋人集》收二十二家。（見《四庫全書總目存目》）

2、曹溶《靜惕堂書目》屬江湖詩派的，僅有樂雷發《雪磯叢稿》及宋伯仁《西塍集》二種。

3、朱彝尊《潛采堂書目宋元書目》所收宋人小集只有十家。然王士禎《居易錄》：「竹垞檢討所輯宋人小集」有四十家，而他只列二十六家。可能朱氏原收有四十家，而今僅餘十家。

4、徐秉義《培林堂書目》所列有六十餘家。

清初《群賢小集》叢刊收集之情況相當零散，然主要源流只有三個，一為明末清初毛晉汲古閣六十家本，一為清初曹寅（楝亭）六十家本，一為清雍正吳焯六十四家本。以下即以這三個版本源流，介紹清代流傳之《群賢小集》叢刊。

（一）明末清初毛晉汲古閣《南宋群賢六十家小集》

毛晉原名鳳苞，字子九；後改名為晉，別號潛在。弱冠前字東美，晚號隱湖，別署汲古閣主人、篤素居士。生於明萬曆二十七年（1599），卒於順治十六年（1659）。

毛晉性嗜卷軸，喜購書，尤重宋元舊本，邑中為之諺曰：「三百六十行生意，不如鬻書於毛氏。」前後積至八萬四千冊，構汲古閣、目耕樓以庋之。毛氏刻書極夥，其最著者為十三經註疏、十七史、津逮秘書、唐宋元山人別集，詞曲及道藏。然校勘不精，為藏家詬病〔註27〕。

明末清初，毛晉藏有宋本《南宋群賢六十家小集》，並據以景鈔。其後不知經過幾手，至清末，始由藏書家鄧邦述所購，據鄧序云：「宣統紀元余在瀋陽書友譚篤生貽書告余，勸余收之，余時未收見此書，但嫌去價太昂，篤生乃親篋出關，舉以相賒，及余亦既覯止，遂不復問價，唯恐其不為我有矣。」於此序僅知其購書經過與譚篤生有關。後來「陳君立炎亦從鄧氏商暇此書將以景印，行款大小悉依原書，紙墨必擇上品，承鄧氏意也。」（陳乃乾跋）於是才有現所流傳之民國十年上海古書流通處景印本，台灣中央研究院史語所藏有此本。陳立炎復得鮑氏知不足齋景鈔《宋八家詩》，於民國十一年附以刊行（陳乃乾《宋八家序》）。台灣台大研圖藏有此本。

毛晉與鄧邦述相距時間不短，然其間之傳承，並無詳細記載，故吳庠云：「古書流通處印行景宋六十家，就卷中印章詳審，是否真出毛抄，尚難遽斷。而當時據以景鈔之底本，散佚存亡，亦莫可尋其端緒。觀於姚鏞《雪蓬稿》卷尾紙幅損

〔註27〕參考周彥文，《毛晉汲古閣刻書考》。

壞，此本即在楝亭藏本之中，或此底本後來歸於曹氏者，尚有他家，未可知也。」〔註28〕此言相當值得參考。以吳焯費十年之力，搜求宋人小集，亦僅於石倉書舍見曹寅本之半〔註29〕，而並未提及毛晉之汲古閣本，或許汲古閣本早於曹寅本失傳，否則汲古閣本流至曹寅之手並不無可能。

（二）清初曹寅六十家宋本

曹寅字子清，號楝亭，清奉天人。官通政使，富藏書。爲江寧織造，十年中，父子相繼持節，一時傳爲盛事，又嘗巡鹽揚州，俸糈所入，竭力以事鉛槧。以交於朱竹垞，曝書亭之書，皆鈔有副本（參見：《中國藏書家考略》）。

嘉慶六年，石門顧氏讀畫齋重刊《南宋群賢小集》，後載鮑廷博跋云：「吳繡谷云，曹楝亭所得宋刻歸之郎溫勤，今見於家石倉書舍者。溫勤爲三韓郎中丞廷極，石倉則錢塘吳允嘉志上也。宋刻最爲溫勤寶愛，常置座右，朝夕把玩。郎卒於官署，家人將并其平生服御爐之以殉。時石倉在郎幕，倉卒間手百餘金賄其家僮，出之烈燄中，攜歸祕藏，非至好不得一見也。石倉歿後，家人不之貴，持以求售。屬徵君鶚得之，以歸維揚馬氏小玲瓏山館。乾隆壬辰仲冬，予於吳門錢君景開書肆見之驚喜，與以百金，不肯售。許借校讎，才及三之一，匆匆索去，以售汪君雪礓。不數年，雪礓客死金閶，平生所藏書畫盡化爲煙雲，而是書遂不可蹤跡矣。宋刻實六十家，裝二十八冊，繡谷云僅得其半，蓋爾時石倉老人不肯全示之耳。」

由此跋可知曹寅（楝亭）藏本之流傳：

清曹寅（楝亭）藏宋刻──→郎廷極（溫勤）──→吳允嘉（石倉）──→厲鶚
──→馬曰琯小玲瓏山館──→錢聽默（景開）──→汪雪礓

王昶：「于乾隆丙子曾見於揚州馬氏小玲瓏山館，然不及三十種。」〔註30〕可知厲鶚以歸馬氏小玲瓏山館時，即僅爲曹本半數，且石倉死後，家人持之以售厲鶚，既不之貴，即不可能僅售一半，應爲石倉所持原僅曹本之半，故吳焯：「曹楝亭所藏宋印，後歸郎溫勤，今見於石倉書舍，僅有其半，並無序目。」〔註31〕並非如鮑廷博跋中所言石倉老人不肯全示於吳焯耳〔註32〕，蓋鮑氏之誤會可能是向

〔註28〕吳庠，《南宋書棚本江湖群賢小集記略》。
〔註29〕顧修，《讀畫齋本南宋群賢小集》吳焯序：「曹楝亭所藏宋印，後歸郎溫勤，今見於石倉書舍，僅有其半，並無序目。」
〔註30〕重刻江湖群賢小集序。
〔註31〕顧脩讀畫齋本，《南宋群賢小集》序。
〔註32〕顧脩讀畫齋本，《南宋群賢小集》鮑廷博跋：「繡谷（吳焯）云僅得其半，蓋爾時石

錢聽默（景開）所借爲校閱之本乃六十家之數，即以爲石倉所藏亦應爲六十家，而僅出示其半於吳焯也。

故本文以爲石倉於郎家烈燄中所救之曹寅本應僅能半數，經屬鴉購之，以歸馬氏小玲瓏山館時，已不及三十種〔註33〕，然何以至錢聽默（景開）時，卻持有六十家之本？

本文原以爲當時鮑氏欲購以百金，錢氏不肯售，而匆匆索去，以售汪雪礓，此舉或許即因書價之問題；而增爲六十家以爲曹寅原本，亦可能爲圖高價出售，故推論六十家之本爲錢氏所增補，然由鮑廷博跋中所言，馬氏與錢氏間，並無直接傳承之交待，故亦有可能在他們之間傳承中，另有其人自行增補後，才流入錢氏之手。

無論六十家本爲誰所增補，曹寅之宋刻本，於石倉之手，即已不見其原貌（殘本經增補後，亦無法檢查何部份爲原殘本，何部份爲增補），若後世再傳曹寅所藏之宋刻本，則值得懷疑。

而中圖所藏之《南宋群賢小集》，爲上海楊壽祺於 1946 年所得，因書中有曹楝亭藏印，百堤錢聽默經眼吳越王孫二印，故一直被視爲錢聽默所藏之曹楝亭（曹寅）宋刻本。然由前面所討論，曹楝亭原本已不復可見，而錢氏手中之殘本增補本，據嘉慶六年（1801）鮑廷博跋所言，錢本傳至汪雪礓亦已不可蹤跡。隔了百餘年，忽爲上海來青閣主人楊壽祺所得，雖爲佳事，然此本尚有疑點值得詳究。

楊壽祺初得此本，吳庠曾爲之撰文云：「尾有朱竹垞跋文，并附全書目錄，疑問滋多，當出僞造，有曝書亭藏書圓印，曝書亭三字居中，左右藏書二字，疑亦贗品。」〔註34〕並列六點以辨朱跋之僞：

1、《文獻通考》所載《江湖集九卷》，雖亦陳氏刻，審諸陳振孫說，其非此集（按：楊壽祺本）可知。吳繡谷（吳焯）早辨及此。博雅如竹垞，何至不知，一也。

2、朱跋所云計六十家爲全書，今按目逐次檢閱，俞桂一家重出，實止五十六家，即以續編二種并數，亦止五十八家，二也。

3、朱跋又云：「續編二種尤世罕有」，書「尤」作「猶」，三也。

4、朱跋又云汲古閣影宋本寫《九僧詩》一冊，毛斧季自爲跋語珍爲壓庫之寶。按斧季跋《九僧詩》，明云得宋本而讀之，並無以影寫本爲壓庫之寶之語。且

倉老人不肯全示之耳。」

〔註33〕王昶《重刻江湖群賢小集序》：「于乾隆丙子曾見於揚州馬氏小玲瓏山館，然不及三十種。」

〔註34〕吳庠，《南宋書棚本江湖群賢小集記略》。

此跋作於康熙壬辰三月望日，竹垞已歿世三年矣，四也。

5、跋尾紀年爲康熙庚子春仲，案竹垞歿於康熙四十八年己丑，而庚子是五十九年初，疑庚子或是庚午，爲來青閣小友之筆誤，覆審原文，的確是庚子，歿後十一年而作此跋，豈非笑話，五也。

6、彝尊二字書彝作彝，竹垞自書其名，何至有此俗寫，六也。

7、另外，本文補充第七點：朱彝尊於《曝書亭集》卷三十六《信天巢遺稿序》即清楚地記載江湖詩禍乃因陳起刻《江湖集》所致，應不可能於此跋卻言陳思父子編《江湖集》。

據以上諸點理由，此跋應非爲朱彝尊所作。

除朱跋之辨僞外，於版本方面，亦須有所澄清。首先必需瞭解的是，楊本並非曹棟亭原宋刻本，而錢氏所持乃經增補後之六十家本，今中圖所藏則爲五十六家之本，另多出兩種續編及朱跋。鮑跋敘錢本時，並無談及此二續編及朱跋，且錢本於汪雪礓手，已不可蹤跡，故楊本非但不是曹寅（曹棟亭）原本，亦非錢聽默（錢景開）六十家本之原貌，若「曹棟亭藏書」及「錢聽默經眼」二印非後人僞造，則此本應承傳錢氏之六十家本〔註35〕，而於汪雪礓之後，可能再行增減，故經過百餘年，而爲楊壽祺所得時，僅餘五十六家，且另有二續編及僞朱彝尊跋。楊木於民國三十五年轉售中央圖書館，此即台灣中央圖書館所藏《南宋群賢小集》之由來。

（三）清雍正吳焯六十四家輯本

讀畫齋《南宋群賢小集》吳焯序云：「陳氏所刻詩行於江淮之間，作者往往以己刻者附入，後竟以名取禍，此其平生未竟之緒，是以無編定卷帙，但從後來藏書家簿錄中，紀爲宋人小集六十四家而已。」「余搜求不下十年，始彙其全。」按：其所言後來藏書家簿錄中，紀爲宋人小集六十四家，不知所據爲何。

嘉慶元年（1801）王昶《重刻江湖群賢小集序》中云：「因念起之所集，應不下百餘種，反而存此，而聚散多寡不一。」而《宋名家小集》中，乾隆四十五年（1780）查岐昌手識：「宋陳思編《群賢小集》，……稱《國寶新編》，又稱《江湖集》，共百十六家。」王、查兩人皆以爲陳起原刻應有百餘種。此外，《兩宋名賢小集》中僞朱彝尊跋：「按陳思所編《群賢小集》，……稱爲《國寶新編》，又稱《江湖集》者是也，鑴本已屬希觀，近日海內藏書家間有鈔本，而現在著名之集，率皆不錄，所以止有六十餘不等。」此跋中亦以爲六十餘家並非全本，故原本可能有百餘家，而六十餘家皆爲殘本。然不論吳焯所言何據，其搜羅之六十四家，乃

〔註35〕錢本乃曹寅本之殘本再經增補。

當時最多之本。

吳焯序云：「曹棟亭所藏宋印，後歸郎溫勤，今見于家石倉書舍，僅有其半，并無序目，……余所見秀水朱氏（按：朱彝尊）、花谿徐氏（按：徐乾學）本、花山馬氏（按：馬日璐）本，各不相同。」可知其六十四家來源，至少包含曹寅本之半、朱本、徐本、馬本。而顧脩序中，更詳言吳焯六十四家本乃「據宋本增入六家，花山馬氏本增二家、秀水朱氏本增入二家」。

吳焯六十四家之源已於上段略為討論，而讀畫齋本鮑廷博《群賢小集補遺》跋云：「南宋陳起編刻《江湖群賢小集》，借鈔於汪氏（按：汪憲）振綺堂，汪本傳自瓶花齋吳氏（按：吳焯）。」可知吳焯之後，傳至汪憲之手，其後之傳承，即無資料記載。今由南京大學張宏生先生《江湖詩派研究》碩士論文中，記載《南宋六十家小集》有吳焯藏本，本文未見此本，故無法確定是否即為吳焯原本。

另外，鮑廷博曾借鈔於汪憲〔註36〕，然鮑廷博鈔本之源並不僅於此，鮑跋中言及曾由錢景開書肆借得六十家本，校讎約三分之一，亦曾據查慎行初白菴藏本校對〔註37〕，且鮑廷博鈔是書之時，友人俱踴躍助之〔註38〕。如此，鮑氏至少應據汪氏、錢氏、查氏所持之本而校鈔。然鮑廷博並未完成梓行之志，時為乾隆二十六年（1761）。後經四十年，「顧脩於鮑氏案頭見之，力任開雕」（鮑跋），於嘉慶六年（1801）以鮑氏之吳本為底本，綴以《江浙紀行集句》，《僧詩》次之，《芸居乙稿》又次之，其中洪邁一家疑為書賈所偽，故去之，而樂雷發及吳淵兩家尚待商榷，故置於附刊，另附明末潘訏叔《宋詩選》中之《四靈詩》，及陳起所輯之《中興群公吟稿》戊集七卷〔註39〕，一併付梓以傳，為《群賢小集》叢刊第一次較大規模地刊印流傳。

此三本流傳大致如下：

毛晉汲古閣六十家本──→鄧邦述──→陳立炎
  （民國十年上海古書流通處景印，另加鮑廷博所輯《南宋八家詩》於
  民國十一年上海古書流通處再景印）
曹寅六十家本──→郎廷極──→吳允嘉（石倉老人）──→厲鶚──→馬日璐──→
  錢景開──→汪雪礓──→楊壽祺──→民國三十五年中央圖書館購藏

〔註36〕顧脩讀畫齋本，《南宋群賢小集》鮑廷博跋。
〔註37〕讀畫齋本，《橘潭且鮑鈔是書之詩稿》有「乾隆甲申正月十三日初白菴本勘於知不足齋」一行。
〔註38〕其友郁禮曾力購小山堂趙昱之殘帙異本《中國藏書家考略》，亦可能提供予鮑氏。
〔註39〕參見顧脩讀畫齋本，《南宋群賢小集》顧脩跋。

吳焯六十四家本──→汪憲──→鮑廷博──→顧修（嘉慶六年）
查慎行（初白菴藏本）─┘

（四）清代《群賢小集》叢刊之編者

由宋元資料可知，陳起確實刊刻過《江湖集》九卷，且曾引起江湖詩禍〔註40〕。明《永樂大典》另有載陳起名下之《江湖集》叢刊，然陳起是否編輯過《江湖前、後、續集》，則無直接之證據，疑《永樂大典》只是將當時民間為《江湖集》輯佚且以編者為陳起之書收入，並非陳起即曾輯編過《江湖續集》、《江湖後集》。到了清代，宋詩時來運轉，江湖詩派亦隨之受到矚目，於是興起了為《江湖集》輯佚之風。然因詩格卑靡，詩家並不顯著〔註41〕唯賴陳起所刻之《江湖集》得以流傳，可惜《江湖集》於宋代時即因詩禍慘遭劈板，散佚情況嚴重，等到清人重視宋詩，再為《江湖集》輯佚時，已無法恢復原貌，書名亦因輯佚者不同而異，故相當紊亂。編者更有陳起、陳思兩說，造成混淆，故孰是孰非，必需釐清。

現存《群賢小集》叢刊載陳起為編者之書居多，共有十八種〔註42〕，而序跋中亦有持陳起為編者之說法。例如：吳焯序云：「南宋錢塘人陳起……所刻《江湖群賢小集》。」〔註43〕王昶序云：「起所刻《江湖小集》……起父子又撰《寶刻叢編》、《寶刻類編》二書。」〔註44〕顧修序云：「起為刻《群賢小集》行於世。按起以能詩見重於時，編中有《芸居乙稿》，起所著也，思號續芸，殆起之子歟，別有《小字錄》、《書小史》行世。」〔註45〕三序皆謂陳起刻《江湖群賢小集》。

題為陳思編《江湖群賢小集》者，有大陸所藏《南宋六十家小集》（清吳焯藏本）、《群賢小集六十八種一百二十二卷》（清鈔本）、《南宋群賢小集》六十八種九十一卷（清鈔本）三書；序跋中題為陳思編《江湖群賢小集》，則有查岐昌手識：「宋陳思編《群賢小集》」〔註46〕，《南宋群賢小集》中偽朱彝尊跋：「宋陳思父子編《群賢小集》於寶慶紹定間，又稱《江湖集》。」〔註47〕《兩宋名賢小集》偽朱彝尊跋：「陳思所編《群賢小集》，……稱為《國寶新編》，又稱《江湖集》者是也。」

〔註40〕詳見本章第三節寶慶刻本，《江湖集》之介紹。
〔註41〕四庫本，《江湖小集》提要。
〔註42〕參見本章第三節。
〔註43〕顧脩讀畫齋本，《南宋群賢小集》吳焯序。
〔註44〕顧脩讀畫齋本，《南宋群賢小集》王昶序。
〔註45〕顧脩讀畫齋本，《南宋群賢小集》顧脩序。
〔註46〕台灣所藏《宋名家小集九十九卷》。
〔註47〕楊壽祺售與中圖之《南宋群賢小集》。

〔註 48〕。另外，四庫《詩家頂臠》提要：「陳思編《江湖小集》」，楊復吉《夢闌瑣筆》：「南宋陳思刻《江湖小集》」，皆以陳思爲《群賢小集》之編者。

首先，以陳起爲編者一派，一方面乃因宋元資料，確實記載陳起刊刻《江湖集》，另一方面，「南渡後詩家姓名不顯者，多賴是書以傳，其摭拾之功，亦不可沒。」〔註 49〕故《群賢小集》叢刊載於陳起名下，理應名正言順，然而由於《群賢小集》爲後人所掇拾補綴，其內容有一些年代晚於陳起死後之詩家，甚至有《挽芸居》之詩，顯然並非陳起所輯刻，故編者載爲陳起容易有所矛盾。

台灣所藏皆以陳起爲編者，而大陸所藏有些則以陳思爲編者。各書中之序跋，談到陳思，一般可分爲三種情形：一將陳思當作陳起之子；一將陳思當作陳起之父；一將陳思當作陳起〔註 50〕，依第一章第二節之討論，此三種說法皆爲錯誤，故編者載爲陳思乃屬誤解。

《群賢小集》叢刊事實上皆爲清人爲《江湖集》所作之輯佚工作，並不一定非得載上原編者不可。若一定要載上編者，可載爲何人比較不受爭議？由前文，已了解載陳起爲編者，容易發生與所收詩人之年代有所矛盾，若載爲陳起之子——陳續芸所編，則可免去矛盾，亦較編者載爲陳起、陳思，更加合情合理。然現存之資料，並無記載陳續芸爲《江湖集》作過續編之工作，故清代之《群賢小集》叢刊若以陳續芸爲編者雖然不致有所衝突，卻是毫無支持此說法之證據。

四、清代四庫全書本之《江湖小集》及《江湖後集》

（一）四庫本《江湖小集》

四庫全書本《江湖小集》共九十五卷，收了六十二家詩人，乃清代乾隆年間由兩淮鹽政所採進。關於四庫本《江湖小集》之討論，有費君清《論《江湖小集》非陳刻《江湖集》論文一篇，其所持四庫本《江湖小集》非陳刻《江湖集》之理由爲：1、從詩集內容看，《江湖小集》常不見《江湖集》中之作品；2、從詩集序跋或寫作時間看，《江湖小集》中不少詩集要比《江湖集》所收爲晚；3、從詩人之取捨看，《江湖小集》與《江湖集》也不一致；4、從編刻者和卷帙看，《江湖小集》也與《江湖集》不符〔註 51〕。此四點，言之有理，舉證詳確，然其文中以爲四庫本中命名《江湖小集》乃爲迎合清人重視宋刻心理，始將《江湖小集》與《江

〔註 48〕四庫本，《兩宋名賢小集》。
〔註 49〕四庫本，《江湖小集》提要。
〔註 50〕詳見第一章第二節。
〔註 51〕《文學遺產》，1989 年第四期。

湖集》掛鉤起來，而導致不少專家學者把《江湖小集》當成了《江湖集》，此說仍待商榷。

　　四庫本《江湖小集》之提要中即清楚地指出：因《江湖集》遭禍之詩人，多不列於此本；甚且坦然直言：「疑原本殘缺，後人掇拾補綴，故此本已非陳起之舊矣」，可見《江湖小集》毫無混淆視聽之嫌。而清代及後來之專家學者，確有不少誤將《江湖小集》當作《江湖集》之現象。例如：全祖望《宋詩紀事序》：「嘉定以後，《江湖小集》盛行，多四靈之徒也。」（《鮚埼亭文集》）；翁方綱《石洲詩話》卷四：「當時（南宋）書坊陳起刻《江湖小集》，自是南渡詩人一段結構。」甚且四庫本《芸隱橫舟稿》提要云：「宋人編《江湖小集》已收入其詩。」及《梅屋集》提要云：「厥後以《江湖小集》中秋雨梧桐一聯，卒搆詩禍，起坐黥配。」亦誤將《江湖小集》當作《江湖集》，此二提要分別載為乾隆四十四及四十五年，而《江湖小集》提要則載為乾隆四十二年，可見《江湖小集》提要早以辨明，且無意混淆，《芸隱橫舟稿》及《梅屋集》兩提要及後人之誤解，乃未詳閱《江湖小集》提要所致。

　　清代搜集《群賢小集》叢刊之人，亦當知所搜集並非陳起舊刻〔註 52〕，故並不採《江湖集》原名，而採《南宋群賢小集》之名稱，即表示乃輯佚之書。四庫本或許是將《江湖集》及清代流傳《群賢小集》之名稱結合起來，而名為「《江湖小集》」，應無以假亂真之用意。

　　《江湖小集》雖盡力搜求清代民間流傳之《群賢小集》叢刊，然而亦有漏輯之情形，檢查《六十名家小集七十八卷》（清冰葭閣鈔本）、《江湖小集》四十三種五十七卷（清初鈔本）、《南宋群賢小集》九十六卷（清趙昱小山堂鈔本），僅見此三本而他本未見之詩家有：朱淑真、杜範、楊甲、楊備、吳潛、何耕、宋無、宋慶之、陳峴、陳口口、邵桂子、岳珂、姚述堯、柴望、真德秀、黃希旦、韓信同、裘萬頃、潘音、魏了翁及陶弼一家〔註 53〕，此二十家並未被輯入《江湖小集》，疑四庫館臣未搜見這三個本子，故有所遺漏。

（二）四庫全書本《江湖後集》

　　四庫全書本《江湖後集》共二十四卷，收了四十七位《江湖小集》未收之詩人（五十家中除去重複之林逢吉及詩餘二家吳仲方、張輯，故得四十七家）及十七位《江湖小集》已收之詩人。

〔註 52〕例如吳焯：「《文獻通考》所載《江湖集》九卷，亦陳氏（起）刻，審陳振孫跋語，其非此集可知。」
〔註 53〕參見本章第二節輯書整理。

　　《江湖後集》乃四庫館臣從《永樂大典》中所輯出，並借永樂本之《江湖後集》爲名，然內容並不相同。《永樂大典》於民間並無流行，故所收詩人多不見於清代流傳之《群賢小集》叢刊，由於《永樂大典》至今僅餘殘卷，故四庫本《江湖後集》之輯佚則相形重要。其中有十五家：朱復之、劉子澄、鞏豐、李自中、李時可、吳仲方、林昉、趙汝績、徐從善、盛烈、章采、儲泳、程垣、釋圓悟、戴埴〔註54〕，僅存於四庫本《江湖後集》，而爲其他《群賢小集》叢刊所未見，據此可推知清代所見之明《永樂大典》尚存此十五家，於今《永樂大典》之殘卷已不見此十五家。

　　雖說如此，四庫本《江湖後集》漏輯永樂本《江湖集》叢刊之詩人共四十家，且未將永樂本中之《江湖前賢小集》及《江湖前賢小集拾遺》輯入，可見四庫本《江湖後集》疏漏情形相當嚴重〔註55〕。

　　四庫本《江湖後集》不採永樂本《江湖集》叢刊各自保留書名之體例，而刪除重複之詩人，合爲一編，統名爲《江湖後集》，用意乃爲便於檢尋，然《永樂大典》以書繫人，以人繫詩，使後人得知《江湖集》叢刊各書名之輯佚情形，更能忠實地保留原貌，爲四庫本之《江湖後集》所不及。

　　四庫本之《江湖小集》及《江湖後集》，將清代民間流傳之《群賢小集》叢刊及明代永樂本《江湖集》叢刊所收之江湖詩人彙集成編，爲現行江湖詩作最集中且最通行之本，其搜集整理之功，絕不可沒。然由於漏輯甚多，仍須比照各本，再作檢視補充，才能對江湖詩派有一整體正確之瞭解。

五、總　論

　　江湖詩派非因陳起刻《江湖集》而名〔註56〕，且江湖詩人亦非僅指南渡後之詩家〔註57〕，亦非全爲未仕之人〔註58〕。故江湖詩人不應以陳起之《江湖集》所錄爲限。

　　江湖詩派之形成非始於陳起刻《江湖集》，亦非以《江湖集》爲總結，然江湖詩派卻是因陳起而有所聯絡，且因《江湖集》遭劈板而聲名大噪，「其詩家姓氏不

〔註54〕同註53。
〔註55〕費君清於《永樂大典中發現的江湖集資料論析》，頁58，註1：「欒貴明同志在《四庫輯本別集拾遺》中指出：大典本中條數漏輯率達 28.8/100，種數漏輯率竟達 95/100。」
〔註56〕北宋陳造即有《江湖長翁文集》；而楊萬里亦較陳起早將詩集名爲《江湖集》。
〔註57〕例如：方惟深生於 1040 年，卒於 1122 年，顯然並非南渡詩人。
〔註58〕曾爲高官之江湖詩人，有鄭清之、劉克莊、危稹等人。

顯者，多賴是書以傳，其撝拾之功，亦不可沒也。」（四庫本《江湖小集》提要）故不論其子續芸或後人再作續編、輯補之工作，皆載於陳起名下，一方面不掠前美，一方面亦因陳起確爲刊刻江湖詩作之代表人物。

　　總之，陳起之《江湖集》原貌已不復可見，明永樂本《江湖集》叢刊、清《群賢小集》叢刊、清四庫本《江湖小集》、《江湖後集》，無一爲陳起原刻。然由宋至清，爲此集輯佚、搜羅之盛況，自可感受到陳起以《江湖集》出版家身份，而引起綿延長久之影響，不但使江湖詩派於南宋末年領一時之風騷，甚至今日，研究熱潮依舊未減。

第三章　刻書考（上）

第一節　南宋出版概況

　　金人佔領中原，北宋結束。高宗偏安杭州，建炎三年（1129）升杭州爲臨安府，紹興八年定都臨安。十一年（1141）向金投降，從此臨安由「行在」而變爲正式首都，成爲全國政治商業文化中心，整個社會呈現歌舞昇平景象。故當時士子林升有詩云：「山外青山樓外樓，西湖歌舞幾時休？暖風薰得遊人醉，直把杭州作汴州。」

　　《夢梁錄》卷十三〈團行條〉：「萬物所聚，諸行百市，自和寧門權子外無一家不買賣者。」西湖老人《繁勝錄》謂杭州共有四百四十行。由此可想見宋杭城之繁榮。陳耆卿《嘉定赤城志》卷三十七〈風俗門、土俗、重本業〉：「古有四民，曰士、曰農、曰工、曰商。士勤於學業，則可以取爵祿；農勤於田畝，則可以聚稼穡；工勤於技藝，則可以易衣食；商勤於貿易，則可以積貨財。此四者皆百姓之本業，自生民以來，未有能易之者。」黃震《黃氏日鈔》卷七十八〈詞訴約束〉條：「士農工商各有一業，無不相干，……同是一等齊民。」正由於經濟繁榮，商業發達，商人地位隨之提高，沖淡了傳統重農輕商之觀念。在這種濃厚商業氣氛中，刻書事業亦得到進一步發展。

　　宋代刻書地點幾乎遍於全國。成都、杭州、建安一直是南宋三個最大刻書中心。宋葉夢得：「今天下印書，以杭州爲上，蜀本次之，福建最下。京師比歲印板，殆不減杭州，但紙不佳。蜀與福建多以柔木刻之，取其易呈成而速售，故不能工。

福建本幾遍天下，正以其易成故也。」〔註1〕北宋初年，蜀地最盛；至北宋末期，蜀本漸退化；杭州刻版最為精美；開封印版不減於杭州，但紙不佳；福建刻書則量多而質劣。據不完全統計，現在已知南宋刻書地點有一百七十多處。杭州是首都，刻書事業最為興盛；而刻書之量則以福建建寧府為最多，建寧府所屬建安縣之麻沙、崇化兩鎮尤為出名，但雕版多取自榕樹，雖然易刻，也易於漫滅，這是建本之最大缺點，故南宋時期仍以杭刻最受讚譽。〔註2〕

南宋時杭州城內市場繁榮，店鋪林立，吳自牧《夢粱錄》卷十三〈鋪席〉有詳細的記載。當時杭州有鋪名可考之書鋪有十六家：「臨安府棚北大街睦親坊南陳解元書籍鋪」（「臨安府棚北大街睦親坊南陳宅書籍鋪」）、「臨安府洪橋子南河西岸陳宅書籍鋪」、「臨安府鞔鼓橋南河西岸陳宅書籍鋪」、「臨安府太廟前尹家書籍鋪」（「太廟前尹家父子文字鋪」）、「臨安府眾安橋南街東開經書鋪賈官人宅」（「臨安府眾安橋南賈官人經書鋪」）、「臨安府修文坊相對王八郎家經鋪」、「錢塘門里車橋南大街郭宅經鋪」、「保佑坊前張官人經史子文籍鋪」（「中瓦子張家」）、「行在棚南街前西經坊王念三郎家」、「杭州沈二郎經坊」、「太學前陸家」、「杭州貓兒橋河東岸開牋紙馬鋪鍾家」、「臨安府中瓦南街東開印輸經史書籍榮六郎家」、「錢塘俞宅書塾」、「錢塘王叔邊」〔註3〕、「杭州大隱坊」〔註4〕，這些書鋪既賣書也刻書，書籍鋪所刻之書，稱坊刻書。同時，杭州還有一些不以營利為目的私人刻書。這就促進了杭州刻書和出版事業的繁榮。宋代之私刻書，有以「趙、韓、陳、岳、廖、余、汪」為最，而陳起實為書坊刻書，其能與家刻並列，自可看出陳起刻書所受之重視。

宋代出版業之發達，除了經濟繁榮、印刷業普遍之因素外，又與宋朝建國重文輕武之政策及科舉興盛有關。由於這三個原因，推動了出版品急遽增加。據《世界圖書》1981年第三卷第九期統計，我國從西漢、東漢、三國、晉、南北朝到隋唐五代，共出書二萬三千多部，二十七萬多卷，而宋代出書則達一萬一千多部，十二萬四千多卷，約相當於歷代出書總數之一半〔註5〕。其中官刻、家刻數量有限，大部份仍以坊刻為主。

限制私刻書籍之法令雖時嚴時弛，然為朝廷始終維持之政策〔註6〕。南渡後，

〔註1〕《石林燕語》卷八。
〔註2〕劉國鈞，《中國書史簡編》，頁64。
〔註3〕張秀民，《印刷史論文集》，頁89〈南宋刻書地域考〉。
〔註4〕昌彼得，《圖書板本學要略》，頁49。
〔註5〕吉少甫，《中國出版簡史》，頁74。
〔註6〕《宋代政教史》，頁874。

略施限制，高宗令各州郡所有刻板書籍，用黃胖紙加印一部，送祕書省查閱。紹興二十九年，詔州縣書坊非經國子監看詳文字，毋得擅行刊印〔註7〕。淳熙七年，仍申飭書坊擅刻書籍之禁。嘉泰二年二月，有商人私持《中興小紀》及《九朝通略》等書欲渡准，盱眙軍以聞，遂命諸道郡邑書坊所鬻書，凡事干國體者，悉令毀棄〔註8〕。宋代雖有書禁之壓力，然而社會之需求推動出版業之蓬勃興起，已為不可遏止之趨勢。

第二節　以「陳宅書籍鋪」為牌記之刻書考

陳起居睦親坊，今可見牌記有「睦親坊」者，又多與「棚北大街」合刻，故凡牌記中有「睦親坊」、「棚北大街」者，本文皆列入陳起所刻。

一、唐人別集

（一）《唐求詩》一卷　　（唐）唐求撰

　1、著錄：

　　（1）《楹書隅錄》卷四

　　　　版本：所謂書棚本是也

　　　　行款：此本與韋蘇州集同一行式

　　　　牌記：「臨安府棚北大街睦親坊南陳宅書籍鋪刊行」

　　　　印記：百宋一廛賦著錄有鹿頂山危氏大樸紫薇館印，季振宜字詵兮，號滄葦，季振宜藏書，顧湄之印，陶廬藎之印，廣圻審定士禮居，江夏丕烈堯夫老堯，有竹居平江汪憲堂秋浦印記，憲堂秋浦汪士鐘印，閬源眞賞，平陽汪氏藏書印

　　（2）《善本書室藏書志》卷廿五

　　　　版本：明仿宋刊書棚本

　　　　行款：未著錄

　　　　牌記：未著錄

　　　　印記：未著錄

　　　　其他：按黃堯圃士禮居藏書記有云：「延令季氏宋版目中載之書僅八

〔註7〕同註6。
〔註8〕同註6。

葉，計詩三十五首，與韋蘇州集同一行式，皆臨安府棚北大街
睦親坊南陳宅書籍鋪刊行者，此本無不吻合，殆仿書棚本覆刊
也。」

（3）《文祿堂訪書記》卷四

版本：陳氏書棚刻本

行款版式：半葉十行、行十八字，白口

牌記：未著錄

印記：有鹿頂山危太樸紫微館，季振宜字詵兮，號滄葦，廣圻審定，丕
烈蕘夫士禮居，有竹居汪士鐘閬源，平江汪憲奎秋浦各印

其他：卷末季氏手書，泰興振宜滄葦氏珍藏十字，顧南雅題簽嘉慶癸
亥黃丕烈跋二則見題識

2、書影：

現藏：北京圖書館（書影一）

版本：宋刻本

行款版式：匡高十六點八公分，寬十二點二公分。十行，行十八字。白
口，單魚尾，左右雙邊

其他：觀字體刀法，疑亦宋末棚本。黃氏士禮居舊藏。〈百宋一廛賦〉
著錄

（二）《唐周賀集》一卷　　（唐）周賀撰

1、著錄：

（1）《善本書室藏書志》卷廿五

版本：依宋寫本

行款：未著錄

牌記：「臨安府棚北睦親坊陳宅書籍鋪印」

印記：未著錄

其他：余遂借歸手鈔於松風書屋，今以唐百家內周賀詩核之，即是此
本，益佑百家詩從棚本出也

（2）《皕宋樓藏書志》

牌記：「臨安府棚北睦親坊南陳宅書籍鋪印」細字一行

鑑定：確是宋板，余遂借歸手抄於松風書屋

按語：靜嘉堂祕籍志亦著錄此本
（3）《鐵琴銅劍樓藏書目錄》卷十九
版本：未著錄
行款：每半葉十行，行十八字
牌記：卷末有「臨安府棚北睦親坊南陳宅書籍鋪印」一行
印記：未著錄
按語：宋元本書目行格表亦載此本
（4）《涉園序跋集錄》
「此爲宋臨安書棚本所收，視全唐爲少，而比弘秀爲多，亦有弘秀所收，而是本反闕者。」
（5）《蕘圃藏書題識》卷七
「丙戌秋夕得毛豹孫影鈔宋本又校，是冬，得王伯谷所藏書棚本，又校改正一字
嘉慶戊辰秋借濂溪坊蔣氏，宋梓周賀詩即王伯谷所藏書棚本，末有義門跋，手校一過，用墨筆識於下方，復翁黃丕烈
書棚本二十行，行十八字，通十七番，甲戌六月又得見顧竹君家舊鈔本，對一過，與宋刻多同，間有異者，略識於上方，復翁。則此舊鈔本行款雖同，非即向所校宋本錄出耶。」

2、書影：
（1）現藏：北京圖書館（書影二）
版本：宋臨安府陳宅書籍鋪刻本
行款版式：匡高十七點三公分，寬十二點二公分。十行十八字，白口，單魚尾，左右雙邊
牌記：卷後有「臨安府睦親坊陳宅經籍鋪印」一行
其他：黃氏士禮居舊藏，百宋一廛賦著錄。四部叢刊印本即據此帙影印
（2）鐵琴銅劍樓宋本書影（書影三）
版本：宋刊書棚本
行款版式：十行十八字，高十七點三公分，寬十三公分

（三）《碧雲集》三卷　　（唐）李中撰

1、著錄：

（1）《適園藏書志》卷十

版本：影宋鈔本

行款：未著錄

牌記：未著錄

印記：未著錄

其他：流傳——單氏手鈔曰：《碧雲集》三卷，亦係芙川張君與月霄兄各倩工借士禮居藏宋刊本影寫，故先著錄於愛日精廬藏書志，其原本曾藏季滄葦家，毛子晉未見此書，僅得元刊本重付剞劂，故多缺文也

評價——孟賓于序稱詩三百篇，今共計三百十篇，此必亡其一篇耳，然較勝毛刻已不可同年語矣，有中詩體婉麗清潔，即與文山不相上下，而此冊仿寫尤爲精緻，同貯一囊，可題曰二李合璧，學傅跋

（2）《群碧樓善本書目》卷一

版本：宋書棚本

牌記：「臨安府棚北大街睦親坊南陳宅書籍鋪印」一行

行款：每半葉十行，行十八字

印記：有宋本，玉蘭堂，鐵研齋，竹塢，辛夷館印，春艸堂印，梅溪精舍江左諸印，又乾學徐健菴兩印。又張雋之印，一字文通兩印，又季印振宜滄葦季振宜藏書，季滄葦圖書記，揚州季氏御史振宜之印，吾道在滄州諸印，又馮新之印，復初佷常馮靜觀藏書，佷常馮氏，汲古齋藏書諸印，又安麓村藏書印，安岐之印，又黃印丕烈復翁平江黃氏藏書，碧雲群玉之居，百宋一廛諸印，又三松過眼一印。卷首序下有癸巳九月潯寓收七字，卷尾有泰興季振宜滄葦氏珍藏十字

按語：皕宋樓藏書志、靜嘉堂祕籍志卷三十二、愛日精廬藏書志皆載此書有此牌記。

（3）《鐵琴銅劍樓藏書目錄》卷十九

版本：影宋書棚本

行款：未著錄

牌記：未著錄

印記：未著錄

其他：有孟賓于序，此愛日精廬張氏從士禮居所藏宋本影寫，黃氏云此刻，但據元刻，未見宋本，故多闕文

2、書影：

（1）現藏：國立中央圖書館（書影四）

版本：清琴川張氏小琅嬛福地影抄南宋書棚本清李學博手書題記

版式：十行十八字，白口，單魚尾，左右雙邊，匡高十七點七公分，寬十二點六公分

（2）現藏：史語所傅斯年圖書館（書影五）

版本：宋陳宅書籍鋪刊本

版式：十行十八字，白口，左右雙邊，匡高十七點八公分，寬十二點八公分

（四）《唐女郎魚玄機詩》一卷　　（唐）魚玄機撰

1、著錄：

（1）《藏園群書經眼錄》卷十二

版本：宋臨安府陳宅書籍鋪刊本

行款：半葉十行，行十八字

牌記：卷末有「臨安府睦親坊南陳宅書籍鋪印行」一行

印記：未著錄

其他：鑑定——前四葉雕工精美，後葉粗率，非出一手。裝為冊式，題詠極夥。後有新跋兩段，一為湘中黃氏，此書蓋即其家所藏者也

（2）《寶禮堂宋本書錄》集部頁 19

版本：南宋書棚刊本

行款：未著錄

牌記：卷末有「臨安府棚北睦親坊南陳氏書籍鋪印行」

印記：未著錄

其他：流傳——先後為朱子儋項墨林所藏，黃蕘圃得之，倍加珍重，繪圖題句，以識瓣香，同時名下如陳文述、石韞玉、顧蒓、潘

亦雋、徐渭仁、瞿中溶、袁廷檮女士、歸懋儀、曹貞秀等，均
有題詠

評價——鐫刻俱精，明嘉靖刻唐百家詩曾有覆本，今日已極罕
見，況此為南宋原槧耶，宜宋廛主人之珍如拱璧也，蕘圃原有
長跋記得書始末甚詳，今已佚去

校對——全唐詩錄其全集取以對勘，一無遺佚

（3）《善本書室藏書志》卷廿五

版本：影寫棚本

行款：未著錄

牌記：卷後有「臨安府棚北睦親坊南陳宅書籍鋪印」一條

印記：卷端有汪士鐘印，闓源甫三十五峰園主人所藏三印

其他：校對——黃蕘圃得而取宋刊洪邁唐人絕句，韋縠才調集校其異
同，又與薛濤詩楊太后宮詞合刻之

校對——余（按：丁丙）按嘉靖間唐詩百家有此一種，對看不
差毫髮，後題云，元機善吟詠美風調，雖未免涉於多情，而幽
柔融雅，有足悲焉，婦人之集，其僅存者豈多見邪，予愍其無
傳也，今刻之，惜蕘翁未之見耳

（4）《百宋一廛賦注》頁24

版本：所謂書棚本是也

行款：每半葉十行，每行十八字

牌記：「臨安府棚北大街睦親坊南陳宅書籍鋪印行」

印記：未著錄

2、書影：

現藏：北京圖書館（書影六）

版本：宋陳宅書棚本

版式：十行十八字，白口，左右雙邊，匡高十七公分，寬十二點一公分

牌記：「臨安府棚北睦親坊南陳宅書籍鋪印」

其他：鐫刻秀麗工整，為陳家坊本中代表作。明時為朱氏存餘堂、項
氏天籟閣藏書。清嘉慶中黃丕烈得之，繪圖題句，以誌柯遇。
黃氏別有題詠，冊並長跋得書經過，今不知飄墮何所

（五）《唐李賀歌詩編》四卷　《集外詩》一卷　（唐）李賀撰

　　著錄：

　　（1）《鐵琴銅劍樓藏書目錄》卷十九

　　　　版本：景鈔宋本

　　　　行款：未著錄

　　　　牌記：卷末有「臨安府棚前北睦親坊南陳宅經籍鋪印行」

　　　　印記：卷末有虞山錢曾遵王藏書朱記

　　（2）《讀書敏求記校證》四之中

　　　　版本：未著錄

　　　　行款：未著錄

　　　　牌記：「臨安府棚前北睦親坊南陳宅經籍鋪印」

　　　　印記：未著錄

　　（3）《藝風藏書續記》卷六：

　　　　　「陸敕先據陳解元刻本校」

（六）《孟東野詩集》　　（唐）孟郊撰

　　著錄：

　　（1）《善本書室藏書志》卷廿五

　　　　版本：明宏治仿宋刊本

　　　　行款：每葉二十行，行十八字

　　　　牌記：惟無臨安府棚前一行耳，其為翻雕棚本無疑

　　　　印記：未著錄

　　　　其他：刻書經過——中有提學楊按察遼庵先生以全集不多見，出藏本
　　　　　　　屬商州梓木行之，惟時同知於君，睿奉命惟謹閱兩月工完，先
　　　　　　　生欲晟識其後，此本蓋宏治時楊公一清刊於陝西商州者

　　（2）《儀顧堂續跋》卷十二

　　　　版本：汲古閣影宋精鈔本

　　　　行款版式：前有目錄，每葉二十行，每行十八字，版心有字數

　　　　牌記：題後有「臨安府棚前北睦親坊南陳宅經籍鋪印」

　　　　印記：前有有宋木甲、毛晉私印、子晉汲古主人毛晟之印、斧季七印、
　　　　　　　後有虞山毛晉子晉書印、汲古得修綆三印

其他：校對——與明翻景定國材本互勘，大略多同，惟結銜平昌二字
改爲武康二字，此本目錄微有減字耳
題識——宋敏求題，題山南西道節度參謀試大理評事平昌孟郊
（宋元本書目行格表亦載此本）

（3）《皕宋樓藏書志》卷六十九
版本：毛氏影宋本
行款版式：每葉二十行，每行十八字，版心有刻工姓名及字數
牌記：後有「臨安府棚前北睦親坊南陳宅經籍鋪印」
印記：卷中有宋本朱文腰圓印，用字朱文圓印，毛晉私印朱文方印，
子晉朱文方印，毛扆之印朱文方印，斧季朱文方印，虞山毛晉
朱文方印，汲古得修綆朱文長印，子晉書印朱文方印
按語：宋元本書目行格表亦載此本

（4）《楹書隅錄》卷四　錄周錫瓚手跋
版本：未著錄
行款：未著錄
牌記：末題「臨安府棚前北睦親坊南陳宅經籍鋪印」
印記：未著錄
其他：又有舊鈔黑格棉紙，首題《孟東野詩集》，結銜山南西道節度參
謀試大理評事平昌孟郊亦十卷，無總目
按語：文祿堂卷四亦載此本

（5）《五十萬卷樓藏書目錄》初編卷十五載陸心源儀顧堂跋
版本：汲古閣影宋精本
行款：半葉十行，每行十八字
牌記：「臨安府棚前北睦親坊南陳宅經籍鋪印行」
印記：未著錄
其他：題識——後有宋敏求題
鑑定——此本前有目錄後有宋敏求題，行字與宋刻同，惟無臨
安府棚前一行，可證其爲翻雕棚本矣，序中有提學按察邃庵先
生以全集不多見，出藏本屬商州梓木行之，惟時同知於君睿奉
命惟謹，閱兩月工完，先生欲晟識其後，此本蓋弘治時楊氏一
清刊於陝西商州者，海上曾以此刻影印，此爲五硯樓舊藏，有
章在卷首，蓋袁氏廷檮遺本

（6）《藏園群書經眼錄》卷十二

版本：此汲古閣影寫宋書棚本

行款：十行二十字

牌記：未著錄

印記：有宋本、甲二印

其他：

鑑定——按此書棚本可能並非陳起所刻，而爲當時之坊刻本

評價——極精麗

（7）《雲間韓氏藏書目》　韓應陛

版本：元人據宋書棚本抄

（七）《甲乙集》十卷　　（唐）羅隱撰

著錄：

（1）《楹書隅錄》卷四

版本：未著錄

行款：每半葉十行，行十八字

牌記：卷首尾有木記云：「臨安府棚北大街睦親坊南陳宅書籍鋪印行」

印記：卷中有葉盛之印，菉竹堂，李流芳印，棠村珍賞，蕉林梁氏書畫
之印，安岐之印，安麓村藏書印

其他：鑑定——卷後有葉文莊手跡，蓋與滄葦本同一刻

評價——而此本尤書棚本中上駟也，宋存主人記。

校對——復翁本卷二三四有缺字，此本卷三、卷五亦有缺葉，
惜無由校補

跋——復翁跋予嘗錄副爰附著，於後以備考

附記——百宋一廛宋本題跋二則

（2）《百宋一廛賦注》頁24

版本：所謂書棚本是也

行款：每半葉十行，每行十八字

牌記：「臨安府棚北大街睦親坊南陳宅書籍鋪印行」

印記：未著錄

（3）《鐵琴銅劍樓藏書目錄》卷十九

版本：宋刊本目錄後記刊板處一行已漫漶，僅存臨安府三字，末金氏二
　　　字可審

行款及版式：半葉十行，行十一字，板心有字數

牌記：未著錄

印記：卷中有太清虞山錢曾遵王藏書，季振宜字詵兮號滄葦，乾學徐
　　　健菴漁洋山人，安岐安麓村藏書印諸朱記

（4）《文錄堂訪書記》卷四

版本：宋陳氏書棚刻本

行款版式：半葉十行，行十八字，白口，板心上記字數

牌記：目後「臨安府陳氏書籍鋪刊行」一行

印記：有徐乾學健菴，季振宜字詵兮號滄葦，虞山錢遵王，安麓村。

其他：跋——卷末季氏手書：泰興季振宜滄葦氏八字，嘉慶辛酉黃丕
　　　烈跋二則，見題識計一百十葉

（八）《唐朱慶餘詩集》一卷　　（唐）朱慶餘撰

1、著錄：

（1）《百宋一廛賦注》頁 24

版本：所謂書棚本是也

行款：每半葉十行，每行十八字

牌記：「臨安府棚北大街睦親坊南陳宅書籍鋪印行」

（2）《鐵琴銅劍樓藏書目錄》卷十九

版本：宋刊本

牌記：卷末「臨安府睦親坊陳宅經籍鋪印行」一行

行款：半葉十行，行十八字

印記：卷首有張雋之印，字文通，季振宜藏書乾學徐健菴諸朱記，末又
　　　玉蘭堂，鐵研齋，梅谿精舍，辛夷館印，揚州季氏御史振宜之
　　　印諸朱記

（3）《藏園群書題記》卷六補遺

版本：虞山瞿氏藏宋刊朱慶餘詩集，即前人所謂書棚本也

行款：每葉二十行，行十八字

牌記：卷末有「臨安府睦親坊陳宅經籍鋪印」一行

其他：校對——取此席對勘，版式行格悉同，乍視疑出於一源，及詳勘之，文字乃有差異

2、書影：

　　（1）現藏：北京圖書館（書影七）

　　　　版本：宋陳宅書棚本

　　　　版式：十行十八字，白口，左右雙邊，匡高十六點九公分，寬十二點一公分。

　　　　牌記：「臨安府睦親坊陳宅經籍鋪印」

　　　　其他：黃氏士禮居舊藏，百宋一廛賦著錄。四部叢刊印本即據此帙影印。

　　（2）鐵琴銅劍樓宋本書影（書影八）

　　　　版本：南宋刊書棚本

　　　　版式：十行十八字，白口，左右雙邊，匡高十七公分，寬十三公分。

　　　　牌記：「臨安府睦親坊陳宅經籍鋪印」

（九）《李推官披沙集》六卷　　（唐）李咸用撰

1、著錄：

　　（1）《日本訪書志》卷十四

　　　　版本：世謂之府棚本

　　　　行款：每半葉十行，行十八字

　　　　牌記：序後有「臨安府棚北大街陳宅書籍鋪印行」

　　　　印記：未著錄

　　　　其他：明朱警刻百家唐詩稱皆以宋本裒刻，所收咸用詩即據此本，行款亦同，唯刪其卷首、總目，其中閒有墨丁訛字，席氏百唐詩集，又源于朱本皆補填之，而誤字尤多

　　　　　　　序——首有紹熙四年楊萬里序

　　　　　　　評價——蓋陳氏在臨安刊書最多，而且精也，今觀此刻本印雅潔，全書復完美無缺，信可寶也，披沙集 四庫未著錄，據誠齋序推挹，甚至當爲晚唐一作手

　　（2）《藏園群書經眼錄》卷十二

　　　　版本：宋臨安府陳宅書籍鋪刊本

　　　　行款、版式、避諱：半葉十行，行十八字，白口單闌，版心上方間記字

數，卷中避宋諱。

牌記：有「臨安府棚北大街陳宅書籍鋪印行」

印記：「藤井方明」、「向黃村珍藏印」、「靜節山房宋本鑒飲印」、「讀杜草堂」、「好古堂藏書記」、「白水書院」、「仁壽山莊」、「星吾海外訪得秘笈」、「宜都楊氏藏書記」

其他：序——有楊萬里序

流傳——是書楊醒吾得之日本。余于壬子十月在上海以二百銀幣購之，旋以歸之張菊生。嗣鄧孝先聞之，以藏有書棚本群玉、碧雲二集，欲得此使三李合併，癸丑十月始自滬寄來，遂以歸之。一年之間此書四易其主，志此以作雲煙過眼觀可也

（3）《藏園群書題記》卷十二

A、版本：此李推官集六卷，楊醒吾先生據所藏南宋書棚本所摹寫者也

行款：半葉十行，行十八字

牌記：序後有「臨安府棚北大街陳宅書籍鋪刊行」一行，原本爲陳思所刻

印記：未著錄

其他：序——前有詔熙四年誠齋野客楊萬里序

按語：藏園所言：「原本爲陳思所刻」，疑將陳思、陳起混爲一談。

B、版本：宋刊本

其他：流傳——余壬子替旅居申江，訪醒吾於虹口寓樓，曾出以相示，醒吾以余愛不忍釋，後乃割以見讓。泊余離申之日，以資斧不繼，遂轉以歸張君菊生，儲入涵芬樓。嗣返津沽，偶與同年鄧孝先太史話及，孝先夙有佞宋之癖，堅欲得之，浼余商之菊生，馳書往還，慨然相許。孝先舊識李文山之《群玉集》、李中之《碧雲集》，皆臨安書棚本，常以群碧樓榜其居。及《披沙集》來歸，又改署爲「三李盦」，曾屬爲題識。泊晚歲屏居吳門，生事艱窘，舉其所藏書讓歸中央研究院。此披沙一集，亦隨《群玉》、《碧雲》以俱去矣

（4）《群碧樓善本書目》卷一

版本：宋書棚本

行款：每半葉十行，行十八字

牌記：序後有「臨安府棚北大街陳宅書籍鋪印行」一行

印記：有好古堂圖書記，藤井方明讀杜草堂仁壽山莊諸印，又星吾海外
　　　訪得祕笈，宜都楊氏藏書記兩印

其他：序──前有紹定四年楊萬里二序

　　　評價──披沙集六卷亦臨安陳宅刻本，世之好古書者言宋刊，或
　　　輕視棚本，其實陳氏在當日頗負時譽，如所編宋人小集，藏家至
　　　今重之，非若後來坊賈徒競於利之為也

　　　流傳──況所刻唐賢在今日已成孤本耶。此書初為東瀛所收，鄰
　　　蘇老人攜以歸國，老人歿後，張菊生前輩購藏之於涵芬樓，沅叔
　　　箝余何不為三李之合因代請於菊翁，慨然允之，遂歸余齋，惜蕘
　　　圃未之見，然三李自吾而刱以己，足突過前賢矣，既正群碧次第，
　　　披沙復在群玉之前，他日當別刻一披玉雲齋印以志此遇合之幸
　　　也，戊午三月裝成記正闇

（5）《宋元本行格表載留眞譜》

　　　版本：宋本，即書棚本

　　　行款：行十八字

　　　牌記：序後有「臨安府棚北大街陳宅書籍鋪印行」

　　　印記：未著錄

2、書影：

　　　現藏：史語所傅斯年圖書館（書影九）

　　　版本：宋陳宅書棚本

　　　版式：十行十八字，白口，左右雙邊，匡高十七點八公分，寬十二點八
　　　公分

（十）《常建詩集》二卷　　（唐）常建撰

1、著錄：

　　（1）《欽定天祿琳瑯書目續目》卷六

　　　版本：未著錄

　　　行款：未著錄

　　　牌記：上卷末有刻「臨安府棚北大街睦親坊南陳宅刊印」

　　　印記：未著錄

　　　其他：分卷──此本乃陳起宗之書肆所鐫，作二卷，蓋其所分，近毛晉

汲古閣所刊，乃三卷，其爲元明人所分，不可考矣

（2）《藏園群書經眼錄》卷十二

版本：宋臨安陳宅書籍鋪刊本

行款：十行十八字

牌記：卷上末尾有「臨安府棚北大街睦親坊南陳宅刊印」一行

印記：鈐有廬陵楊士奇印、東里草堂、堯峰山莊、平陽李子珍賞圖書
記、謙牧堂藏書記諸印

（3）《文祿堂訪書記》卷四

版本：宋陳氏書棚刻本

行款版式：半葉十行，行十八字，白口

牌記：未著錄

印記：有廬山陽陳徵伯恭崇本珍賞、陳郡楊紹和宋存書室印

2、書影：

故宮善本書影（書影十）

宋臨安書棚本陳氏刊槧印俱精，惜蟲蝕太甚，卷中有楊士奇謙牧堂諸
家收藏印記，及天祿繼鑑乾隆各璽原藏體順堂天祿後目著錄。現藏於
故宮博物院

（1）《宋版書展目錄》頁 27

版本：未著錄

行款、版式、避諱：每半葉十行，行十八字，版框高二十二·五公分，
寬十二公分，白口雙邊，宋諱避至樹字止

牌記：上卷末有「臨安府棚北大街睦親坊南陳宅刊印」木記一行

印記：未著錄

（2）《故宮博物院宋本圖錄》頁 143

版本：未著錄

行款、版式、避諱：每半葉十行，行十八字，白口，左右雙欄，單魚尾，
魚尾下記書名及葉次，每卷首行頂格大題常建詩集，次行低三
格標詩題，宋諱玄、絃、筐、貞諸字減筆

牌記：上卷末有「臨安府棚北大街睦親坊南陳宅刊印」木記一行，按臨
安陳起父子刻書，均刻有牌記，或於序後，或於卷末，文字詳
略則各不同。葉德輝書林清話彙集各家藏書志或題跋所記敘，
其款式達十七種之多

印記：是本爲明大學士楊士奇舊藏、鈐有廬陵楊士奇白文方印及東里草
　　　堂朱文方印
其他：著錄──建之詩集，唐書藝文志著錄一卷，宋志、晁氏讀書志、
　　　陳氏書錄解題並同
　　　傳本、分卷、編次：此本分二卷，不知是否即起所析。是書今
　　　傳本尚有明九行活字本，明刊唐二十六家集本，皆作二卷，毛
　　　氏汲古閣本及清四庫全書本則作三卷，雖諸本所錄建詩皆五十
　　　七首，與此本同，惟編次則異，蓋又經後人重編也。按此宋書
　　　棚本分卷任意，五七相雜，不拘詩體，上卷載三十七首，下卷
　　　錄二十首。明活字本及廿六家集本，則依古詩近體編次，卷上
　　　錄五古卅六首，下卷錄七古三首、五律七首、七絕十一首。汲
　　　古閣本則依五七言及詩體次，其卷一、卷二錄五古，共三十七
　　　首，卷三依次爲五律七首、七古二首、七絕十一首，四庫全書
　　　係汲古閣本著錄
　　　流傳──是本存世甚罕，除本院所藏此帙外，可考者僅山東聊
　　　誠楊氏海源閣藏有一部，與杜審言、岑嘉州、皇甫冉三家詩合
　　　函，著錄於《楹書隅錄》卷四，民國廿一年本院因據此本影入
　　　天錄琳瑯叢書第一集中，以廣其傳

（十一）《唐山人詩》一卷

　　　《百宋一廛賦注》頁 24
　　　版本：所謂書棚本是也
　　　行款：每半葉十行每行十八字
　　　牌記：「臨安府棚北大街睦親坊南陳宅書籍鋪印行」
　　　印記：未著錄

二、宋人別集

（一）《梅花衲》一卷　　（宋）李龏編
　　著錄：
　　　《鐵琴銅劍樓藏書目錄》頁 8

版本：景鈔宋本

行款：十行十八字

牌記：卷末有「臨安府棚北大街睦親坊南陳宅書籍鋪刊行」一行

印記：未著錄

（二）《龍洲集》一卷　　（宋）劉過撰

按：中圖所藏《南宋群賢小集》

牌記：卷末有「臨安府棚北大街睦親坊南陳宅書籍鋪刊行」一行

（三）《白石道人詩集》一卷　　（宋）姜夔撰

著錄：

（1）《群碧樓善本書目》卷六

版本：未著錄

行款：未著錄

牌記：序後有「臨安府棚北大街陳宅書籍鋪刊行」，兩行從宋本鈔出

印記：有鄭氏注韓尻珍藏記人杰二印，又陳恭甫藏，楊雪滄得一印

其他：序——前有夔自序二首

（2）宋元行格表

版本：景宋本《白石道人詩集》一卷

行款：行十八字

牌記：敘後有「臨安府棚北大街陳氏書籍鋪刊行」十四字

（3）按：中圖所藏《南宋群賢小集》

行款：十行十八字

牌記：「臨安府棚北大街陳宅書籍鋪刊行」

（四）《雅林小稿》一卷　　（宋）王琮撰

著錄：

《善本書室藏書志》卷三十

版本：未著錄

行款：未著錄

牌記：「臨安府棚北大街陳氏書籍鋪刊行」

印記：未著錄

（五）《漁溪詩稿》一卷　　（宋）俞桂撰

　　　　《善本書室藏書志》卷三十

　　　　版本：未著錄

　　　　行款：未著錄

　　　　牌記：卷後題「臨安府陳氏書籍鋪刊行」

　　　　印記：卷首有山陰祈氏藏書之章，曠翁手識圖記

（六）《賓退錄》十卷　　（宋）趙與時撰

　　著錄：

　　（1）《皕宋樓藏書志》卷五十六

　　A、版本：影宋鈔本

　　　　行款：未著錄

　　　　牌記：卷末有「臨安府睦親坊陳宅經籍鋪印」

　　　　印記：未著錄

　　　　其他：序跋——陳宗禮序，何義門顧圻手跋

　　B、版本：朱竹垞手鈔本

　　　　行款：未著錄

　　　　牌記：末有「臨安府睦親坊陳宅經籍鋪印」

　　　　印記：未著錄

　　　　其他：序跋——陳宗禮序，張燕昌手跋

　　（2）《文祿堂訪書記》卷三

　　　　版本：清河義門校鈔本

　　　　行款：半葉十行，行十八字

　　　　牌記：卷末有「臨安府睦親坊南陳氏經籍鋪印」一行

　　　　印記：未著錄

　　　　其他：題識——楊繼振題曰娛老軒影鈔，貞志齋校定，星鳳堂鑒藏

　　（3）《藏園群書經眼錄》卷八

　　A、版本：宋臨安府睦親坊陳宅經籍鋪刊本

　　　　行款及版式：半葉十行，行十八字，白口，左右雙闌，注雙行同，每段

次行低一格

牌記：卷末有「臨安府睦親坊陳宅經籍鋪印」一行

印記：未著錄

B、版本：明寫本

行款及版式：十行十八字，注雙行同，每段次行低一格

牌記：卷末有「臨安府睦親坊陳宅經籍鋪印」一行

印記：未著錄

其他：序跋——前大梁趙與時序，後與時續記，又有後序，不完，不知
何人也

C、版本：舊寫本

行款：十行十八字

牌記：卷末有「臨安府睦親坊南陳宅經籍鋪印」一行

印記：鈐有楊幼云收藏各印，不備記

其他：跋——後有寶佑五年千峰陳宗禮跋，何義門手校

（4）《藏園群書題記》卷七

版本：南宋臨安陳宅經籍鋪刊本賓退錄十卷

行款版式：半葉十行，行十八字，白口，左右雙闌，板心魚尾上記字數，
下題書名幾。前序行楷大字，半葉五行，行七字。後序行款同
本書

避諱：書中語澀朝廷空格，宋諱徵、郎、匡、貞、桓、慎、敦皆為字不
成

牌記：未著錄

印記：收藏鈐有「張氏子昭」、「古杭光霽周緒子一書」、「光霽家藏」、
「子」、「緒」、「快閣主人」、「文石讀書臺」、「文石」各印。後
序末有「元統二年八月日重裝於樂志齋。吳下張雯」墨跡二行。
周緒子亦元人，俟考。張雯即子昭，草窗韻語有其跋語，為至
正十年，則在此後十五年矣

按語：此子部之書確為陳起所刻，而行款版式皆仍陳起所刻集部之書，
可見陳起無論刻子部、集部之書，其行款皆同

（七）《棠湖詩稿》一卷　　（宋）岳珂撰

　　著錄：

　　　（1）《鐵琴銅劍樓藏書目錄》卷十九

　　　　　版本：景鈔宋本

　　　　　行款：每半葉十行，行十八字

　　　　　牌記：卷末有「臨安府棚北大街陳宅書籍鋪印行」

　　　　　印記：卷首有汲古閣及毛晉私印，子晉毛扆之印，斧季諸朱記。

　　　（2）《藏園群書經眼錄》卷十四

　　　　　版本：宋臨安府陳宅書籍鋪刊本

　　　　　行款版式：十行十八字，白口。左右雙闌，版心記字數，小字二行，首

　　　　　　　　　　葉標題下有三字長墨釘

　　　　　牌記：卷尾有「臨安府棚北大街陳宅書籍鋪印行」

　　　　　印記：鈐有「宋本」、「甲」、「毛晉私印」、「子晉」、「汲古主人」、「毛扆

　　　　　　　　之印」、「斧季」、「書香千載」、「毛晉之印」、「毛氏子晉印」，皆

　　　　　　　　朱文。

（八）《菊澗小集》一卷　　（宋）高翥撰

　　著錄：

　　　（1）《藏園群書經眼錄》卷十四

　　　　　版本：影寫宋書棚本

　　　　　行款：十行十八字

　　　　　牌記：未著錄

　　　　　印記：未著錄

　　　（2）按：中圖所藏《南宋群賢小集》

　　　　　行款：十行十八字

　　　　　牌記：卷末有「臨安府棚北大街陳宅書籍鋪印行」

（九）《石屏詩續集》四卷　　（宋）戴復古撰

　　1、著錄：

　　　（1）《善本書室藏書志》卷三十

　　　　　版本：影寫書棚本

　　　　行款：未著錄

　　　　牌記：後有「臨安府棚北大街陳宅書籍鋪刊行」二行

　　　　印記：未著錄

　　　　其他：同時趙蹈中選爲石屏小集，袁廣微選爲續集，蕭學易選爲第三稿，李山友、姚希聲選爲第四稿上下卷，此冊四卷，名曰續集。鑑定──當爲袁廣微所選，陳芸居所刻，余家有明刊本，爲詩七卷，詞一卷，附東野農歌一卷，洪氏台州叢書本即從此出，今檢續集之詩，列入已十之八九，集外之詩，甚少七卷本，迨即合各本排比刻成，此後僅後集，亦足觀宋時面目

　　（2）《藏園群書題記》

　　　　版本：石屏續集余向藏書舊鈔本晉江黃氏物也，四卷而止，無石屏長短句，此冊從坊間購得行款的確是書棚本，以二番餅易之，因記戊辰夏六月復翁。

　　　　評價：余向舊鈔四卷，又得明刻黑口本，從未以此讎勘也，頃居索無聊，取與黑口本相校，知書棚本字句勝明刻多矣，雖未全校，略見一斑，燒燭書，此壬申中秋後下弦日復翁。

　2、書影：

　　（1）現藏：現藏中央圖書館（書影十一）

　　　　版本：影鈔宋陳宅書棚本，清黃丕烈手段

　　　　牌記：卷末有「臨安府棚北大街睦親坊陳宅書籍鋪印行」

（十）《棠湖宮詞》一卷　　（宋）岳珂撰

　著錄：

　　（1）《善本書室藏書志》卷三十一

　　　　版本：宋刻本

　　　　行款：每半葉十行，行十八字

　　　　牌記：卷末有「棚北大街陳宅書籍鋪印行」小字二行

　　　　印記：未著錄

　　　　其他：鑑定──舊藏汲古閣毛氏曾影鈔以傳，今在吳門姚彥士方伯家，世疑屬樊榭作。宋雜事詩，好事者僞託岳氏以傳，殆先未見宋本耳，此本雖非影鈔，而紙舊字古，殆百年前物也。

（2）《寒瘦山房鬻存善本書目》卷一

　　　　版本：汲古閣景宋鈔本

　　　　行款：未著錄

　　　　牌記：「臨安府棚北大街陳宅書籍鋪印行」

　　　　印記：未著錄

（3）《滂喜齋藏書記》卷三

　　　　版本：汲古閣影宋鈔本，所謂書棚本

　　　　行款：未著錄

　　　　牌記：後有木圖記云：「臨安府棚北大街陳宅書籍鋪印行」

　　　　印記：有「毛晉之印」、「毛氏子晉」二印，又「士禮居藏」、「平江黃氏圖書」二印。

第三節　以「陳解元書籍鋪」爲牌記之刻書考

一、唐人詩集

（一）《唐李群玉詩集》三卷《後集》五卷　　（唐）李群玉撰

　1、著錄：

　　（1）《讀書敏求記校證》四之中

　　　　版本：《鐵琴銅劍樓藏書目錄》藏士禮居影寫宋本

　　　　行款：未著錄

　　　　牌記：後有「臨安府棚前睦親坊南陳宅經籍鋪刊行」

　　　　印記：未著錄

　　　　其他：流傳──宋本今藏江寧鄧氏群碧樓

　　（2）《愛日精廬藏書志》卷二十九

　　　　版本：未著錄

　　　　行款：未著錄

　　　　牌記：後有「臨安府棚北大街睦坊南陳解元宅經籍鋪刊行」

　　　　印記：卷首有錢履之讀書記印記，板心有竹深堂三字

　　　　其他：鑑定──蓋從宋刊本傳錄者，末題嘉靖丁未夏季松逸山居童子王臣錄

　　（3）《鐵琴銅劍樓藏書目錄》卷十九

　　版本：景鈔宋本

　　行款：未著錄

　　牌記：後臨安府棚前睦親坊南陳宅諸印

　　印記：未著錄

（4）《適園藏書志》卷十

　　版本：影宋寫本

　　行款：每半葉十行，行十八字

　　版式：高五寸八分，廣五寸二分，白口單邊，上有字數

　　牌記：有「臨安府棚前睦親坊南陳宅書鋪刊行」，《後集》末又有「臨安
　　　　　府棚北大街睦親坊南陳解元宅書籍鋪印」一行

　　印記：未著錄

　　其他：傳刻題跋：嘉靖中灃州劉崇文曾刻之，今亦罕見，有黃蕘圃題跋

（5）《群碧樓善本書目》卷一

　　版本：宋書棚本

　　行款：每半葉十行，行十八字

　　牌記：表後有「臨安府棚前睦親坊南陳宅書籍鋪刊行」一行，又《後集》
　　　　　第五卷後有「臨安府棚北大街睦親坊南陳解元宅書籍鋪印」一
　　　　　行

　　印記：有宋本玉蘭堂，竹塢，辛夷館印，春艸堂印，梅溪精舍江左諸印
　　　　　又乾學徐健菴兩印。又張雋之印，一字文通兩印，又季印振宜
　　　　　滄葦季宜藏書，季滄葦圖書記，揚州季氏御史振宜之印，吾道
　　　　　在滄州諸印，又馮新之印，復初佷常馮靜觀藏書佷常馮氏汲古
　　　　　齋藏書諸印，又安麓村藏書印，安岐之印，又黃印丕烈復翁平
　　　　　江黃氏藏書，碧雲群玉之居百宋一廛諸印，又三松過眼一印

　　其他：評價──余藏宋版唐人集亦夥矣，多載百宋一廛賦中，即今散逸
　　　　　將盡，而至精極美者，尚有一二種，歷經名家收藏，世罕其匹也。
　　　　　謂蕘翁重視二李過於他書。沅叔嘗謂余雖貧，他書可去，而此必
　　　　　不可去，吾固將抱此以沒世矣

（6）《持靜齋藏書紀要》

　　版本：舊鈔本據宋書棚本士禮居藏

　　按語：持靜齋書目、雲間韓氏書目亦載此本

（7）《藏園群書經眼錄》卷十二

版本：舊寫本

行款：十行二十字

牌記：本集卷末有「臨安府棚北大街睦親坊南陳解元宅經籍鋪印」一
　　　行，《後集》卷五末有「嘉靖丁未夏松逸山居童子王臣錄」一行，
　　　又有「丙戌中秋望日取日毛刻本對過，此眞秘本也，長武」一
　　　行

印記：鈐有汲古閣，汲古主人，士禮居藏，又海源閣印二方

（8）《郋園讀書志》卷七

版本：影宋本李群玉集三卷，《後集》五卷

行款：半葉十行，行十八字，《後集》前載群玉進詩表，令狐綯薦群玉
　　　狀三葉。

牌記：第七行有「臨安府棚前睦親坊南陳宅書籍鋪刊行」字一行，第五
　　　末有「臨安府棚北大街睦親坊南陳解元書籍鋪印」字一行

印記：又有泰興季振滄葦氏珍藏字一行，蓋宋本爲季氏舊藏，故有此一
　　　行字也

其他：若此書棚本以唐人詩集爲多。

2、書影：

（1）現藏：史語所傅斯年圖書館（書影十二）

版本：宋陳宅書棚本

行款版式：每半葉十行，行十八字，白口，左右雙邊，高十七點六公分，
　　　　　寬十二點八公分

牌記：後有「臨安府棚前睦親坊南陳宅書籍鋪刊行」

（2）現藏：國立中央圖書館（書影十三）

版本：清琴川張氏小琅嬛福地影抄宋書棚本清單學傅手書題記

行款版式：每半葉十行，行十八字，白口，左右雙邊，高十七點七公分，
　　　　　寬十二點五公分

二、宋人詩集

（一）《安晚堂集》七卷　　（宋）鄭清之撰

著錄：

（1）《善本書室藏書志》卷三十一

版本：未著錄

行款：未著錄

牌記：「臨安府棚北睦親坊陳解元宅書籍鋪刊行」

印記：未著錄

其他：存卷——宋刻久佚，此影鈔本，惟存第六卷至十二卷止

（2）《靜嘉堂祕籍志》卷三十七

版本：宋版

行款：每半頁十行，每行十八字

牌記：卷十二末有「臨安府棚北大街睦親坊南陳解元宅書籍鋪刊行」一
　　　行

印記：卷中有臣盛楓字黼宸號丹山朱文方印

（二）《林同孝詩》一卷　　（宋）林同孝撰

1、著錄：

（1）《拜經樓藏書題跋記》卷五

版本：查初白先生從崑山徐氏借千頃堂鈔本

行款：未著錄

牌記：傳錄有「臨安府棚北大街睦親坊南陳解元宅書籍鋪刊行」一條

印記：下有愼行初白菴主，得樹樓藏書、查愼行印、南書房史及查岐昌
　　　印諸圖記。

其他：有劉克莊序，後有跋云：「初白先生記云此金陵黃氏千頃堂鈔本，
　　　乙丑余客都下，曾於俞邰案頭見之，今歸玉峰季子，甲午九月借
　　　鈔畢附識初白翁。」

（2）《善本書室藏書志》卷三十一

版本：影宋鈔本

其他：淳祐庚戌白露節前史官劉克莊序

牌記：有「臨安府棚北大街睦親坊南陳解元宅書籍鋪刊行」

印記：汪魚亭藏閱書一印

2、按：中圖所藏《南宋群賢小集》

行款：十行十八字

　　　　牌記：序後有「臨安府棚北大街睦親坊南陳解元宅書籍鋪刊行」一行

（三）《竹溪十一稿詩選》一卷　　（宋）林希逸撰
　　　　按：中圖所藏《南宋群賢小集》
　　　　行款：十行十八字
　　　　牌記：卷末「臨安府棚北大街睦親坊南陳解元宅書籍鋪刊行」一行

（四）《山居存稿》一卷　　（宋）陳必復撰
　　　　按：中圖所藏《南宋群賢小集》
　　　　行款：十行十八字
　　　　牌記：序後「臨安府棚北大街睦親坊南陳解元宅書籍鋪刊行」一行

（五）《雪林刪餘》一卷　　（宋）張至龍撰
　　著錄：
　　　　《雲間韓氏藏書目》
　　　　版本：舊抄影宋書棚本

（六）《汶陽端平詩雋》四卷　　（宋）周弼撰
　　1、著錄：
　　　　《善本書室藏書志》卷三十二
　　　　牌記：續芸陳君書塾入梓，庶同好者便於看誦，云序後有「臨安府棚北
　　　　　　　大街陳解元書籍鋪印」一條，猶不失宋時舊式
　　2、書影：
　　　　現藏：國立中央圖書館（書影十四）
　　　　版本：傳鈔宋臨安府陳道人書籍鋪本
　　　　行款：十行十八字
　　　　牌記：「臨安府棚北大街睦親坊南陳解元書籍鋪刊行」

（七）《翦綃集》一卷　　（宋）李龏撰
　　　　《梅花衲》一卷

著錄：

　　《適園藏書志》卷十二

　　版本：兩書皆汲古影宋鈔本

　　行款：未著錄

　　牌記：《翦綃集》卷末有「臨安府棚北大街陳解元書籍鋪刊行」一行，

　　　　　《梅花衲》卷末有「臨安府棚北大街睦親坊南陳解元書籍鋪刊

　　　　　行」一行，序後有「臨安府棚北大街睦親坊南陳宅書籍鋪刊行」

　　　　　一行

　　印記：有毛晉之印，子晉兩朱文聯珠印，汲古閣朱文長印毛扆之印斧季

　　　　　兩朱文聯朱印。宋本朱文腰圓印，希世之珍朱文方印，汪印士

　　　　　鍾，三十五峰園主人兩白文聯珠小方印，汪印振勳白文，棋泉

　　　　　朱文兩聯珠小方印，文登于氏，小謨觴館藏本白文長印

　　其他：評價──精妙無匹

（八）《校宋本唐僧弘秀集跋》　　（宋）李龏編

　1、著錄：

　　（1）《莪圃藏書題識》卷十

　　　　「余於己卯歲得一鈔本，照陳解元書棚刻本錄，字樣瑣碎細，詳首尾與

　　　　此本校者不異，復有楊循吉詩筆，蓋是楊氏藏本，己未新正檢出參看一

　　　　次，誠善本也，附記於此，冀後之好古者，毋忽於敝紙敗筆，本子樸學

　　　　齋老人葉石君識。」

　　（2）《藏園群書經眼錄》卷十八

　　　A、版本：宋陳宅書籍鋪刊本

　　　　　行款、版式：十行十八字，白口，左右雙闌，版心下方間記刊工人名

　　　　　牌記：「臨安府棚北大街睦親坊南陳解元宅書籍鋪刊行」

　　　　　印記：卷十後有旛式丹色木印記：「嘉興崇德鳳鳴世醫蔡濟公惠家，無

　　　　　　　　甔石之儲，惟好蓄書干藏。以爲子孫計，因書以傳之不朽」

　　　　　　　　鈐印有蔡氏公惠、乾學、徐健菴、季振宜藏書、濮陽李廷相雙

　　　　　　　　檜堂書畫私印朱文大長印

　　　　　其他：序前李龏和父序

　　　B、版本：宋陳宅書籍鋪刊本

　　　行款、版式：十行十八字，白口雙闌，版心上記唐僧幾，下記刊工姓名，
　　　　　　　　大約一人所刊
　　　牌記：未著錄
　　　印記：未著錄
　　　其他：跋──有黃丕烈跋四段
（3）《文祿堂訪書記》卷五
　　　版本：宋陳氏書棚刻本
　　　行款：半葉十行，行十八字
　　　牌記：「臨安府棚北大街睦親坊南陳解元宅書籍鋪刊行」
　　　鈐文：卷末鈐朱文二行曰「嘉興崇德鳳鳴世醫蔡濟公惠家，無甔石之儲
　　　　　　惟好蓄書干藏。以爲子孫計，因書此傳之不朽」
（4）《藏園群書題記》卷六補遺：
　　　《唐僧弘秀集》余（按：傅增湘）藏本爲汲古閣所刻，然版心無標題，
　　　卷末無子晉跋，未審刻於何時，所據爲何本也。是子晉必別據一宋本付
　　　梓，而非出於陳解元書籍鋪本可知也。
　　　椒微此書爲南宋陳宅書籍鋪刊本，十行十八字。椒微師本爲士禮居故
　　　物，詳載蕘圃藏書題識，不復贅述。
　　　文友堂藏本爲內府舊藏，李龏序後牌子尚存，文曰「臨安府棚北大街睦
　　　親坊南陳解元宅書籍鋪刊行」，檢卷中鈐印，知歷藏嘉興蔡公惠、濮陽
　　　李廷相、徐乾學、季振宜諸家。書中夾籤爲「乾隆五十六年三月暢春園
　　　發下重裝」，蓋南巡時臣工進奉之物，余於他書曾屢見此籤也。
2、書影：
　（1）現藏：國立中央圖書館（書影十五）
　　　版本：宋寶祐六年臨安府陳解元宅書籍鋪刊本
　　　版式：版框高十七點五公分，寬十三公分，十行十八字，白口，單魚尾，
　　　　　　左右雙邊。
　（2）文祿堂書影（書影十六）
　　　版本：宋寶祐六年臨安府陳解元宅書籍鋪刊本
　　　版式：版框高十七點五公分，寬十三公分，十行十八字，白口，單魚尾，
　　　　　　左右雙邊。
　　　牌記：卷末有「臨安府棚北大街睦親坊南陳解元宅書籍鋪刊行」

（九）《適安藏拙餘稿》　（宋）武衍撰

　　　　按：中圖所藏《南宋群賢小集》

　　　　行款：十行十八字

　　　　牌記：卷末有「臨安府棚北大街睦親坊南陳解元書籍鋪刊行」一行

（十）《吾竹小稿》　（宋）毛珝撰

　　　　按：中圖所藏《南宋群賢小集》

　　　　行款：十行十八字

　　　　牌記：序後有「臨安府棚北大街睦親坊南陳解元書籍鋪刊行」一行

（十一）《游摘稿》一卷　（宋）劉翼撰

　　　　按：中圖所藏《南宋群賢小集》行款：十行十八字

　　　　牌記：序後有「臨安府棚北大街睦親坊南陳解元書籍鋪刊行」一行

三、其　他

（一）《經鉏堂雜記》八卷　（宋）倪思撰

　　著錄：

　　（1）豐順丁氏持靜齋書目

　　　　版本：明姚舜咨手抄據宋書棚本

　　　　按語：韓氏雲間藏書目亦藏此本

　　（2）《文祿堂訪書記》卷三

　　　　版本：明姚舜咨手鈔本

　　　　行款：半葉十行，行二十二字，藍格，板心下刊茶夢齋鈔四字

　　　　牌記：卷末有「臨安府棚北大街睦親坊巷口陳解元宅書籍鋪刊行」一

　　　　　　　行印記：未著錄

　　　　其他：書衣韓氏題曰：「此錫山茶夢齋據書棚本鈔出，審係姚舜咨手書，

　　　　　　　書末記年月一條，嘉靖甲子姚年六十八年矣。」

（3）《藏園群書經眼錄》卷八

版本：明姚咨手寫本

版式：竹紙籃格，版心有茶夢齋鈔四字，卷末有嘉靖甲子五月廿三日寫
　　　起至八月二十四……下冊，噫乎其爲力哉一行

牌記：「臨安府棚北大街睦親坊巷口陳解元宅書籍鋪刊印」一行

（二）《唐王建集》十卷　　（唐）王建撰

1、著錄：

（1）《藝風藏書續記》卷六

版本：宋刻本

行款：每半葉十行，行十八字

牌記：目錄有「臨安府棚北睦親坊巷口陳解元宅刊」

印記：目錄首葉有宋本朱文腰圓印，汪士鍾曾讀朱文長方印，首葉有湘
　　　雲館朱文方印。

（2）《藏園群書經眼錄》卷十二

版本：宋臨安府陳解元宅刊本

行款：半葉十行，行十八字

牌記：未著錄

印記：未著錄

其他：評價——此書余嘗校過，甚佳。繆氏藝風堂藏。

2、書影：

現藏：上海圖書館（書影十七）

版本：宋臨安府陳解元宅刻本

版式：匡高十七點二公分，寬十二點二公分。十行，行十八字。白口，
　　　左右雙邊

牌記：卷後有「臨安府棚北睦親坊巷口陳解元宅刊印」一行，又有唐寅
　　　手寫俞子容家藏書，唐寅勘畢一行

其他：此本傳世凡三帙，一、多缺葉，經後人影抄補足，今藏北京圖書
　　　館；二、存前五卷，後半毛氏汲古閣影宋抄補，原爲浙人孫鳳
　　　鈞藏書，今不知飄墮何所；三、即此帙，初印精湛，近年出硖
　　　石鎮某舊家

　　《王建集》、《經鉏堂雜記》之牌記同爲：「臨安府棚北大街睦親坊巷口陳解元宅書籍鋪刊印」，宋刻本《王建集》之行款爲半葉十行，行十八字，與陳起所刻相同，而《經鉏堂雜記》行款雖不同，然其爲明鈔本，不足爲據。楊復吉《夢闌瑣筆》：「鮑以文詩：『大街棚北睦親巷，歷歷刊行字一行，喜與太邱同里閈，芸編重擬續芸香。』註云：『陳解元詩名《芸香稿》，子名續芸』。」鮑詩所云：「大街棚北睦親巷」，可知牌記刻有「棚北大街」、「睦親坊」、「巷口」，皆屬陳宅書籍鋪之牌記。

	唐 人 詩 集	宋 人 詩 集
陳宅書籍鋪	1、唐求詩 2、周賀集 3、碧雲集 4、唐女郎魚玄機詩 5、李賀詩集 6、孟東野詩集 7、甲乙集 8、朱慶餘詩集 9、李推官披沙集 10、常建詩集 11、唐山人詩	1、梅花衲 2、龍洲集 3、白石道人詩集 4、雅林小稿 5、漁溪詩稿 6、賓退錄 7、棠湖詩稿 8、菊澗小集 9、石屏詩續集 10、棠湖宮詞
陳解元書籍鋪	1、李群玉詩集 2、王建集	1、安晚堂集 2、林同孝詩 3、竹溪十一稿 4、山居存稿 5、雪林刪餘 6、汶陽端平詩雋 7、翦綃集 8、唐僧弘秀集 9、適安藏拙餘稿 10、吾竹小稿 11、游摘稿 12、經鉏堂雜記

第四節　「陳解元」與「陳解元書籍鋪」之考辨

　　葉德輝於《書林清話》曾論陳起之子續芸爲陳解元，其唯一依據：「影宋本周弼汶陽《端平詩雋四卷》，爲菏澤李龏和父選，前有李序云：『伯弼十七八時，即博聞強記，待乃翁晉仙，已好吟。洎長，而四十年間宦游吳楚江漢，足跡所到，聲騰名振，但卷帙稍多，因摘其坦然者兼集外所得者近二百首，目爲《端平詩雋》，續芸陳君書塾入梓，同好者便于看誦』云云。序後有臨安府棚北大街陳解元書籍鋪印行一條。據此，則陳解元號續芸，與陳彥才（按：陳起）別爲一人，不待辨矣。」〔註9〕葉氏以牌記中之「陳解元」爲序中所言之梓者——陳續芸，且以陳解元書籍鋪、經籍鋪者，屬之起之子續芸；因推知單稱陳道人、陳宅書籍鋪、經籍鋪者屬之起〔註10〕。此推論似乎相當合理，然若再詳究，則可發現其矛盾之處。

　　方回《瀛奎律髓》乃記載陳起生平之宋代文獻，其中錄有趙師秀《贈賣書陳秀才》一詩〔註11〕，現存趙師秀《清苑齋詩集》中，則於《贈陳宗之》詩題下，註明「一云贈賣書陳秀才」，故「陳秀才」即指陳宗之（陳起）無疑。另外，清代爲《江湖集》輯佚了《南宋群賢小集》，其中危稹《巽齋小集》有《贈陳解元》一詩：「巽齋幸自少人知，飯飽官閑睡轉宜，剛被旁人去饒舌，刺桐花下客求詩。兀坐書林自切磋，閱人應似閱書多，未知買得君書去，不負君書人幾何。」危稹享年七十四，曾於1187年中過進士，假設中進士之時年約二十，而依其享年七十四歲計算，則至遲應於1241年去逝，若陳起1256年去逝時年約七、八十，則1241年時，陳起約爲五、六十歲，危稹稱陳起「閱人應似閱書多」可算合理；另外，陳起友朋——葉茵，有《贈陳芸居》詩云：「氣貌老成聞見熟，江湖指作定南針，……料君閱遍興亡事，對坐蕭然一片心。」〔註12〕以及黃順之《贈陳宗之》詩云：「貪詩疑有債，閱世欲無人」〔註13〕，皆與危稹稱陳起「閱人應似閱書多」相吻合，故危稹所交遊之書肆陳解元應爲陳起，而不太可能爲續芸。且由趙師秀稱陳起爲「秀才」及危稹稱陳起爲「解元」之年代順序來看，亦不致矛盾，故陳起曾爲鄉貢第一，而有《陳解元》之稱，乃爲相當合理之推論，此外，《兩宋名賢小集》中

〔註9〕《書林清話》卷二，《南宋臨安陳氏刻書之一》。
〔註10〕《書林清話》卷二，《宋陳起父子刻書之不同》。
〔註11〕趙師秀，《清苑齋詩集》，《贈陳宗之》（一云贈賣書陳秀才）：「四圍皆古今，永日坐中心，門對官河水，簷依綠樹陰，每留名士飲，屢索老夫吟，最感書燒盡，時容借檢尋。」
〔註12〕《江湖小集》卷四十。
〔註13〕《南宋群賢小集》。

之《芸居乙稿》有陳起小傳：「陳起字宗之，錢塘人。寧宗時鄉貢第一，人稱陳解元。」（四庫本）丁申《武林藏書錄》根據此傳，說法相同，兩者可能即根據危稹稱陳起爲陳解元，而謂起曾爲鄉貢第一，亦可作爲陳起乃「陳解元」之輔證。

宋代科舉中鄉試第一，確稱「解元」，然「解元」一詞於宋元以後又作爲讀書應舉者之通稱，方回《瀛奎律髓》卷四十二云：「陳起字宗之，睦親坊賣書開肆。予丁未（1247）至在所，至辛亥（1251），凡五年，猶識其人（按：陳起），且識其子，今近四十年，肆毀人亡，不可見矣。」方回與陳起交遊之五年，正當陳起暮年，然其載陳起生平時，並未提及陳起中解元之事，僅錄趙師秀《贈賣書陳秀才》一詩。故人稱陳起爲「陳解元」，是否即如斯植《挽芸居秘校》之「秘校」，葉紹翁《贈陳宗之》：「中有武林陳學士」之「學士」，以及劉克莊《贈陳起》：「陳侯生長紛華地」之「陳侯」，皆只是對陳起之尊稱，並非陳起即曾仕官，或中過解元。這個推論意即陳起可能僅僅參加了貢舉考試，即被稱爲「解元」，而非眞的中過鄉試第一，然此說法並無確據，僅列於此，聊備一說。

陳起雖不一定中過解元，然「陳解元」確指陳起無疑，故以「陳解元書籍鋪」爲招牌，亦應由陳起經營書肆時，即已命名。今考陳起父子刻書之牌記，有十幾種之多：「臨安府棚北大街睦親坊南陳解元宅書籍鋪刊行」、「臨安府棚北大街睦親坊南陳解元書籍鋪刊行」、「臨安府棚北睦親坊陳解元書籍鋪刊行」、「臨安府棚北睦親坊巷口陳解元鋪刊行」、「臨安府棚北大街陳解元書籍鋪印行」、「臨安府棚北大街睦親坊南陳宅書籍鋪刊行」、「臨安府棚北大街睦親坊南陳宅書籍鋪印行」、「臨安府棚北大街睦親坊南陳宅書籍鋪印」、「臨安府棚北大街陳宅書籍鋪印行」、「臨安府棚北大街陳宅書籍鋪刊行」、「臨安府棚北睦親坊南陳宅書籍鋪印」、「臨安府棚前睦親坊南陳宅書籍鋪刊行」、「臨安府睦親坊南棚前北陳宅書籍鋪印」、「臨安府棚前北睦親坊南陳宅經籍鋪印」、「臨安府睦親坊南陳宅經籍鋪印」、「臨安府棚北大街睦親坊南陳宅印」、「臨安府棚北大街陳氏書籍鋪刊行」、「臨安府陳氏書籍鋪刊行」，其中標示地點雖有詳略之差異，然書籍鋪（經籍鋪）之名稱僅有「陳氏」、「陳宅」、「陳解元」、「陳解元宅」四種。而由這些名稱可看出：「陳宅書籍鋪」、「陳解元書籍鋪」，可能只是「陳解元宅書籍鋪」之省稱，或因刻工習慣不同，而產生同一書鋪，牌記卻有些微差異之情況。另外，由趙師秀稱陳起爲「秀才」之後，危稹始稱陳起爲「解元」之年代看來，陳起將「陳宅書籍鋪」取名爲「陳解元書籍鋪」，也是中年接近晚年之時，則「陳宅書籍鋪」亦有可能爲陳起早期之招牌，到了中年晚年之後，才改爲「陳解元書籍鋪」、「陳解元宅書籍鋪」，然其現存之刻書、輯書，並無年代之記載，故無法確知「陳宅書籍鋪」爲早期之招牌，或爲「陳

解元宅書籍鋪」之省稱。

　　綜以上各論，不論陳起是因曾中鄉貢第一，或只是以讀書人之應舉者身份，而被稱作「陳解元」，「陳解元書籍鋪」在陳起之手，應即已命名，其所刻之書，於當時頗有好評，招牌已相當響亮，續芸紹承父業，有了如此之根基，理所當然持續老字號，而不太可能更改招牌，李龏序中云：「續芸陳君書塾入梓」，其後之招牌為「臨安府棚北大街陳解元書籍鋪印行」，正可支持這個說法。故《書林清話》以「陳宅書籍鋪」及「陳解元書籍鋪」來區分陳起父子所刻，並不妥當。然而陳起與其子續芸所刻，至今已無法區別，故陳宅之書棚本不論以「陳宅書籍鋪」或「陳解元書籍鋪」為牌記，皆不應僅指陳起所刻，而實應包括其子續芸之刻書。

第四章 刻書考(下)

第一節 無牌記之書棚本考

　　觀今目錄書所載，有許多僅標明爲「書棚本」或「陳氏書棚本」之書，於此將未載明牌記之書棚本，另立一節介紹。

一、五代別集

(一)《梁江文集》十卷　　(梁)江淹撰

　　著錄：

　　(1)《儀顧堂續跋》卷十二

　　　　版本：南宋書棚本

　　　　行款：每葉二十行，每行十八字

　　　　印記：此本每冊有太倉王氏藏書朱文長印（弇洲山人舊藏也）

　　　　諱字：殷、徵、搆、鏡、敬、玄、貞

　　　　著錄：案隋書經籍志江淹集九卷《後集》十卷註曰，梁二十卷，新舊唐書皆云前集十卷《後集》十卷，崇文總目、郡齋讀書志、直齋書錄解題、文獻通考皆云十卷，與今本同，晁氏曰，文通著述百餘篇，自撰爲前《後集》，今集二百四十九篇，今此本二百六十九篇，四字恐六字之訛，當即晁氏所見之本

　　　　校對：較汪士賢本多知己賦一首，較張溥本多蕭讓大傅揚州牧表一首。

　　　　評價：此外字句之間，勝汪張兩本處甚多，七閣箸錄未見此本，可見流傳之少矣，余又有梅鼎祚刊本，名江光錄集，亦分十卷，編次前後缺文、墨釘皆與此本同，增逐古篇，詠美人、春遊、征怨

三首爲補遺，不屬入十卷之亦善本也

（2）《靜嘉堂秘籍志》卷三十一

版本：明仿宋本，跋作南宋書棚本，王弇州舊藏

流傳：今舊本散佚，行於世者，惟歙縣汪世賢，太倉張溥兩本，此本乃
乾隆戊寅，淹鄉人梁賓，以汪本張本參核異同，又益以睢州湯
斌家抄本，參互成編

（二）《浣花集》十卷　　（蜀）韋莊撰

著錄：

（1）《儀顧堂續跋》卷三

行款：每葉二十行，每行十八字，與臨安睦親坊陳宅本孟東野集行款
匡格皆同，當亦南宋書棚本也。

印記：每卷有葉陽生白文方印
每冊有士禮居朱文方印

避諱：宋諱有缺有不缺

存卷：宋刊存卷四至十，前三卷黃蕘圃以影宋本抄補

跋：前後有蕘圃三跋、陸損之跋，後有陽生跋

按語：宋元本書目行格表亦載此本

（2）《藏園群書經眼錄》卷十二

版本：宋刊本

行款版式：半葉十行，每行十八字，中板式，與書棚本小異

傅按：余以明朱承爵刊本對勘一卷，竟少誤字，蓋朱刻亦出宋本也。（日
本靜嘉堂藏書）

（三）《才調集》　　（後蜀）韋縠撰

著錄：

《讀書敏求記校證》四之下

版本：予藏才調集三：一是陳解元書棚宋槧本，一是錢復眞家藏舊鈔本，
一是影寫陳解元書棚本

二、唐宋人別集

（一）《唐柳先生文集》四十五卷外集二卷　　（唐）柳宗元撰

著錄：

《楹書隅錄》卷四

版本：與唐山人集同一版，即所謂臨安府陳解元書棚本也

印記：有黃氏太沖梨洲、乾學徐建菴東海傳是樓、平陽汪氏藏書印、士鐘閬源眞賞各印

鑑定：此亦南宋精雕唐人諸集之一，即四庫所收之本也，與昌黎集版式字數纖毫無殊

評價：四庫提要稱爲槧鍥精工，紙墨如新，足稱善本，良可寶貴。

異同：郡齋讀書志載集外文一卷

鑑別：書錄解題多摭異一卷，音釋一卷，均與此本不同，此本有鈔葉數繙，旁鈐拙生小印，疑是陸拙生所鈔，汪、黃二家所校補者

（二）《唐韋蘇州集》十卷　　（唐）韋應物撰

1、著錄：

（1）《天祿琳瑯書目著錄本》

「是書世傳宋槧祇盧本與此二者而已，均以王欽臣序冠首，次沈作哲所撰補傳。」

（2）《楹書隅錄》卷四

版本行款：每半葉十行，行十八字，與余前收黃復翁藏本，唐山人詩款式正合，即百宋一廛賦注所謂臨安府睦親坊南陳氏書棚本也

印記：有王孝詠印、慧音太原仲子後海學人季振宜印、滄葦季振宜讀書各印

評價：臨安陳氏書棚本，唐人集最多，在宋槧中亦最精善

其他：錢心湖先生跋所藏棠湖詩稿云，卷末稱「臨安府棚北大街陳氏印行」者即書坊陳起解元也，曹斯棟稗販以南宋名賢遺集刊於臨安府棚北大街者爲陳思，而謂陳起自居睦親坊，然予所見名賢諸集亦有稱棚北大街睦親坊陳解元書籍鋪印行者，是不爲二地，且起之字芸居，思之字續芸，又疑思爲起之後人也，予案南宋群賢小集石門顧君修已據宋本校刻，亦疑思爲起之子，思又著有寶刻叢

編寶刻類編二書，尤爲淵博，蓋南宋時臨安書肆有力者，往往喜文章好撰述，而江鉶陳氏其最著者也，盧抱經學士群書拾補所校，是集宋本與此俱合，惟盧本有拾遺三葉，其目云熙寧丙辰校本添四首，紹興壬子校本添三首，乾道辛卯校本添一首，此本俱無之，想刻時在前，尚未經輯補耳，紹和又記」

按語：宋元行格表亦載此本

（3）《善本書室藏書志》卷廿四

版本：宋刊棚本配元刊點校本

行款：十行十八字

其他：嘉祐元年，太原王欽臣取諸本校定十卷，此前四卷宋刊本，每半葉十行行十八字，當即棚本，行款乃項氏席氏翻雕祖本，後六卷配元刊校點本

（4）《拾經樓紬書錄》下

宋本韋蘇州集十卷附拾遺一卷，首有嘉祐元年太原王欽臣序，次沈明遠作哲補撰，韋刺史傳首行題韋蘇州集卷第幾，次行題蘇州刺史韋應物，每半葉十行，行十八字，書中桓字構字缺筆，當是南宋初年刊本也，盧抱經學士文弨群書拾補載此書云，余家所蓄乃下邳，余懷本十卷，今以宋本補其缺遺，正其脫訛，是者正書，訛字旁書，凡云一作某者，皆宋本所有其同時酬和之作，時本皆缺，宋本有之，與集中詩皆平寫，今悉依仿補入

（5）《文祿堂訪書記》卷四

版本：宋紹興刻大字本

行款：半葉十行，行十八字

版式：白口，板心下記刊工姓名

避諱：宋諱避至構字

2、書影：

（1）嘉業堂善本書影（書影十八）

版本：宋書棚本

版式：十行十八字，白口，單尾，左右雙邊

（2）盍山書影（書影十九）

版本：宋書棚本

版式：十行十八字，白口，單尾，左右雙邊

（三）唐張蠙詩集一卷　　（唐）張蠙撰

　　著錄：

　　　　《蕘圃藏書題識》卷七

　　　　顧竹君家遺書散出，有舊鈔唐人小集數十種。……顧本廿行十八字，當
　　　　即書棚本，蓋余所見宋刻唐人小集皆如是也

（四）《王仲初詩集》　　（唐）王建撰

　　著錄：

　　　　《雲間韓氏藏書目》
　　　　版本：元人據宋書棚本抄

（五）《賈長江詩集》一卷　　（唐）賈島撰

　　著錄：

　　（1）持靜齋書目
　　　　版本：舊抄據宋善本，何義門據常熟馮氏勘本，張氏書棚本校並跋
　　　　按語：《雲間韓氏藏書目》亦載此本
　　（2）《蕘圃藏書題識續錄》卷
　　　　余又藏一舊鈔本，何義門先生跋云，後得張氏所藏書棚本，再校止改登
　　　　樓落句一比字耳，今與阮本對勘正同是

（六）《杜荀鶴文集》　　（唐）杜荀鶴撰

　　著錄：

　　　　《讀書敏求記校證》四之上
　　　　予藏九華山人詩，是陳解元書棚宋本，總名唐風集，後北宋本繕寫，乃
　　　　名《杜荀鶴文集》，而以唐風集三字注於下

（七）《呂衡州文集》　　（唐）呂溫撰

　　著錄：

　　　　《藏園群書經眼錄》卷十二
　　　　版本：呂和叔文集十卷，明末馮舒家寫本

行款：十行十八字

印記：鈐有彭氏知聖道齋、朱氏結一廬藏印

其他：馮氏跋錄：案陳解元棚本增入

（八）《清塞詩》　　（唐）周賀撰

著錄：

《鐵琴銅劍樓藏書目錄》卷十九：

余家舊藏周賀詩係影鈔書棚本，而金俊明與何義門兩先生合校者，取對是本，彼此多不同，詩亦互有存失，蓋此爲荷澤李龏和父編，非棚本所出，故所載各異

（九）《岑嘉州詩》　　（唐）岑參撰

著錄：

《文祿堂訪書記》卷四

版本：宋陳氏書棚刻本

行款版式：半葉十行，行十八字，白口，版心上記字數，下記刊工姓名

印記：有袁褧尚之十墨人，商丘陳群崇本，東郡楊紹和字彥合珍藏印

（十）《隋州集》十卷外集一卷　　（唐）劉長卿撰

著錄：

（1）《文祿堂訪書記》卷四

版本：袁氏手跋曰，劉隨州文集十一卷，明宏治庚申李士修刊本

行款：每半葉十行，每行十八字

鑑定：宋諱多缺避，當是遵宋棚本覆刻

（2）《靜嘉堂祕籍志》卷三十二

宋本十行行十八字。此本同，可見嘉靖以前本，猶可據，惜文集未刻入，行將抄補之，冶泉記。某氏手跋曰，辛未秋，從穎谷業師，假得義門何先生校本校過，其前五卷，依南宋書棚本，乃文淵閣殘書也，後五卷用馮定遠家藏抄本，及嚴天池家抄本互勘，兩抄次第，與宋本皆合

（十一）《張處士集》　（唐）張祐撰
　　著錄：
　　　　《善本書室藏書志》卷十
　　　　版本：明正德中依宋刊書棚本

（十二）《皇甫冉詩集》二卷　（唐）皇甫冉撰
　　著錄：
　　　　《文祿堂訪書記》卷四
　　　　版本：宋陳氏書棚刻本
　　　　行款版式：半葉十行，行十八字，白口
　　　　印記：有顧千里經眼記，安雅堂，協卿讀過宋存書室印

（十三）《杜審言集》　（唐）杜審言撰
　　著錄：
　　　　《文祿堂訪書記》卷四
　　　　版本：宋陳氏書棚刻本
　　　　行款版式：半葉十行，行十八字，白口，板心下記刊工姓名
　　　　印記：有吳郡顧元慶珍藏記、大有顧千里經眼記、楊氏協卿宋存書室印

（十四）《張司業詩集》　（唐）張籍撰
　　書影：
　　　　現藏：中央圖書館（書影二十）
　　　　版本：宋臨安陳氏書籍鋪刊本
　　　　版式：十行十八字，白口，單魚尾，左右雙邊

（十五）《權德輿集》　（唐）權德輿撰
　　書影：
　　　　現藏：國立中央圖書館（書影二十一）
　　　　版本：明覆刊宋書棚本
　　　　版式：十行十八字，白口，單魚尾，左右雙邊

（十六）《東山詞》　　（宋）賀鑄撰

　　書影：

　　　　　　現藏：北京圖書館（書影二十二）

　　　　　　版本：宋刻本

　　　　　　行款版式：匡高十七點一公分，寬十二點五公分。十行十八字，白口，

　　　　　　　　　　左右雙欄

　　　　　　其他：書分二卷，今僅存上卷，文字斷缺不完。世傳抄本，多從此出，

　　　　　　　　　斷缺亦同。觀此書字體刀淺，疑亦棚本

（十七）《遊宦紀聞》　　（宋）張世南撰

　　1、著錄：

　　　　　　《藏園群書經眼錄》卷八

　　　　　　版本：宋刊本

　　　　　　行款版式：版框高五寸五分，每半葉十行，每行十八字，白口，左右雙

　　　　　　　　　　欄，版心題記聞幾，上方記字數，下記刊工姓名

　　　　　　序跋：跋卷末有紹定壬辰李發先跋

　　　　　　賞鑑：此書鐫刻精整，其字體行格頗似臨安書棚本，第無牌記可證，惜

　　　　　　　　　紙色為墨氣蒙漫，殊覺晦黯減色耳

　　2、書影：

　　　　　　圖書寮宋本書影（書影二十三）

　　　　　　版本：紹定臨安書棚本

　　　　　　版式：十行十七字，白口，單魚尾，左右雙邊

三、總　集

（一）《河嶽英靈集》　　（唐）殷璠撰

　　1、著錄：

　　　　　　《文祿堂訪書記》卷五

　　　　　　版本：宋陳氏書棚刻本

　　　　　　行款版式：半葉十行，行十八字，白口，板心上記字數。

　　　　　　其他：卷末曰「泰興縣季振宜滄葦氏珍藏」一行，宋諱避至廓字，上卷

計三十七葉，下卷計三十五葉。

　　　　印記：有毛晉季振宜藏書，延令張氏三鳳堂，濟南田氏小山薑珍藏印

2、書影：

　　（1）現藏：中央圖書館（書影二十四）

　　　　版本：明覆刊宋書棚本

　　　　版式：半葉十行，行十八字，白口，單魚尾，左右雙邊

　　（2）現藏：北京圖書館（書影二十五）

　　　　版本：明覆刊宋書棚本

　　　　版式：高十六點八公分，寬十二公分。半葉十行，行十八字，白口，單
　　　　　　　魚尾，左右雙邊。

　　　　其他：書分二卷，與毛氏汲古閣刻唐人選唐詩二卷本不同。毛本有脫誤，
　　　　　　　賴此本正之。觀字體刀法，疑亦宋末棚本

（二）《國秀集》　　（唐）芮挺章編

　　書影：

　　　　　　現藏：中央圖書館（書影二十六）

　　　　　　版本：明覆刊宋書棚本

　　　　　　版式：十行十八字，白口，單魚尾，左右雙邊

（三）《十家宮詞》十二卷

　　著錄：

　　（1）《文祿堂訪書記》卷五

　　　　版本：宋陳氏書棚本，存宣和御製詞三卷，張公庠詞一卷，王仲脩詞一
　　　　　　　卷，周彥質詞一卷

　　　　行款版式避諱：半葉十行，行十八字，白口，宋諱愼敦字皆缺筆

　　（2）《藏園群書題記》集部八

　　　　庚午初夏，秋浦周君叔弢得宋書棚本於廠肆，僅宣和御製及張公庠、王
　　　　仲修、周彥質四家

（四）《四家宮詞》

　　著錄：

《藏園群書題記》卷八

版本：宋刊書棚本

行款、版式、避諱：半葉十行，每行十八字，白口，左右雙闌，版心記
　　　宣和一二三，及張詞、王詞、周詞，幾宋諱慎敦字缺末筆

鑑定：以版式行格字體審之，決爲書棚本，昔年曾見錢新甫前輩所藏《棠
　　　湖宮詞》，正是此式，惟卷末有「臨安府棚北大街陳宅書籍鋪印
　　　行」小字二行，此本無之，或刊之他卷末，茲帙以殘缺，故不
　　　及見耳

流傳：此書各家書目不見著錄倪氏（按：倪閭）藏本身後，旋即散佚，
　　　當時竹垞求之，已不可得，此本無收藏家印，或疑即閭公故物

（五）《雪堂行和尚拾遺錄》一卷

　　著錄：

　　《藏園群書經眼錄》

　　版本：宋刊本

　　行款版式：十行十八字，白口，左右雙欄

　　印記：鈐有「士禮居藏」、「楊氏醇父」、「靈虛寶藏」各印

　　鑑定：此書版式刊工均似書棚本，行格亦同，疑是陳、尹諸家所刊行也。
　　　　全書只二十一葉，印跡清郎

　　觀今目錄書標明爲「陳氏書棚本」者，多爲十行十八字之詩集，故其爲
陳起書鋪所刻之可能性相當大，然其中十行十八字之詩集，並非全爲陳
宅書棚本，故無牌記之書棚本，仍應詳加考定，始能確定是否爲陳起所
刻

四、附　錄

（一）《丁卯詩集》　　（唐）許渾撰

　1、著錄：

　　（1）《皕宋樓藏書志》卷七十

　　　版本：南宋臨安府睦親坊陳宅刊本

　　　行款：每半葉十行，每行十八字，此本行款字數皆同，當從宋本影寫

（2）《文祿堂訪書記》卷四

　　版本：清毛奏叔據宋校汲閣刻本

　　牌記：「臨安府洪橋子南陳宅經籍鋪印」朱書一行

　　印記：有臣表奏叔庚申劫後之餘，潘叔坡硯庭鑑賞，潘氏桐西書屋印

（3）《靜嘉堂祕籍志》卷三十二

　　版本：南宋臨安府睦親坊陳宅刊本，丁卯集二卷

　　牌記：下港目後有「臨安府洪橋子南陳宅經籍鋪印」一行

　　行款：每半葉十行，每行十八字，此本行款字數皆同，當從宋本影寫

　　其他：按吳門黃孝廉百宋一廛賦

2、書影：

　　現藏：國立中央圖書館（書影二十七）

　　版本：清初常熟錢氏也是園影鈔宋臨安府陳宅經籍鋪刊本近人袁克文
　　　　　手書題記

　　版式：十行十八字，白口，單魚尾，左右雙邊

（二）《李丞相詩集》　　　（南唐）李建勳撰

　書影：

　（1）現藏：北京圖書館（書影二十八）

　　版本：宋臨安府陳宅經籍鋪刊本

　　版式：高十七點七公分，寬十二公分，十行十八字，白口，單魚尾，左
　　　　　右雙邊

　　牌記：「臨安府洪橋子南河西岸陳宅書籍鋪印」

　　其他：席起寓唐人百家詩本，源出此本，但文字小有歧異，可據此本正
　　　　　之。刻印俱精，可稱棚本上乘。四部叢刊印本，即據此帙影印

　（2）鐵琴銅劍樓書影（書影二十九）

　　版本：南宋刊書棚本

　　版式：高十七公分，寬十三公分，十行十八字，白口，單魚尾，左右雙
　　　　　邊。

　　牌記：「臨安府洪橋子南河西岸陳宅書籍鋪印」

　　臨安府洪橋子南與棚北大街睦親坊南之地點甚為相近，而此《丁卯詩集》之
行款及部類亦符合陳起刻書之習慣，然本文以為當時臨安府地點相近之陳姓書籍

鋪應不只一家（另有臨安府鞔鼓橋陳宅書籍鋪），故須詳標地點，以示區別，若反以考證出地點相近，即證明爲同一書鋪，則仍須有所斟酌，故「臨安府洪橋子南陳宅書籍鋪」之牌記，暫以存疑保留，而不列入陳起所刻之書棚本

	五代別集	唐宋人別集	總　　集	附　　錄
無牌記之書棚本	1、江文通集 2、浣花集 3、才調集	1、唐柳先生文集 2、唐韋蘇州集 3、唐張璸詩集 4、王仲初詩集 5、賈長江詩集 6、杜荀鶴文集 7、呂衡州文集 8、清塞詩 9、岑嘉州詩 10、隨州集 11、張處士集 12、皇甫冉詩集 13、杜審言集 14、張司業詩集 15、權德輿集 16、東山詞 17、遊宦記聞	1、河嶽英靈集 2、國秀集》 3、十家宮詞 4、四家宮詞 5、雪堂行和尚拾遺錄	1、丁卯集 2、李丞相詩集

第二節　以「陳道人書籍鋪」爲牌記之刻書考

（一）《釋名》八卷　　（漢）劉熙撰

　　　　部類：經部小學類

　　　　內容簡介：〈直齋書錄解題〉卷三著錄題：「序云：名之于寶，各有類義，百姓日稱，而不知其所以然之意，故撰天地、陰陽、四時、邦國、都鄙、車服、喪紀，下及民庶應用之器，即物名以釋義。凡二十七篇。」

　　1、著錄：

　　　（1）《平津館鑑藏書籍記》卷一

行款：每葉廿行，行廿字

牌記：「臨安府陳道人書籍鋪刊」

（2）《愛日精廬藏書志》卷七

　　牌記：「臨安府陳道人書籍鋪刊行」

（3）《皕宋樓藏書志》卷十二

　　崇文總目云：熙即物名以釋義凡二十七目，臨安府陳道人書籍鋪刻行

（4）《郎園讀書志》卷二

　　版本：明嘉靖三年呂柟重刊宋陳道人本

　　行款：半葉十行，行二十字

　　牌記：「臨安府陳道人書籍鋪刊行」

　　鑑定：以宋陳道人所刻，他書證之，此本版式行字較大，蓋重刻而非仿
　　　　　刻者，孫星衍平津館鑒藏書籍記宋版書內有此書，識語同，亦
　　　　　半葉十行，行二十字，是此本源出宋版，確有可徵

（5）《八千卷樓書目》卷三

　　版本：明翻宋陳道人本

（二）《劇談錄》二卷　　（唐）康駢撰

　　部類：子部小說類

著錄：

　　《藏園群書經眼錄》卷九

　　版本：明寫本

　　行款：十行二十四至七字不等

　　牌記：序後有「陳道人書籍鋪刊行」一行

　　印記：鈐有汪啓淑印，開萬樓藏書印

　　序跋：前有乾寧二年二月，池州黃老山自社序，有黃丕烈跋二則，已
　　　　　刻，不備錄

（三）《歷代名畫記》　　（唐）張彥遠撰

　　部類：子部藝術類

著錄：

　　《藏園群書經眼錄》

版本：明翻宋陳道人書籍鋪刊本

部類：子部藝術類

行款：十一行，行二十字

（四）《畫繼》五卷　　（宋）鄧椿撰

部類：子部藝術類

內容簡介：〈直齋書錄解題〉卷十四著錄是書：「以繼郭若虛之後。張彥
遠〈記〉止會昌元年，若虛止熙寧七年，今書止乾道三年。」

著錄：

（1）《天祿琳瑯書目、續目》卷五

序跋：前有嘉祐四年陳洵直序，據陳振孫書錄解題，乃大梁劉道醇撰也。

牌記：序後有「臨安府陳道人書籍鋪刊行」

（2）《古泉山館題跋》頁31

行款版式：版式大小行款字數並與前書同，版心中題《畫繼》幾，卷首
皆題《畫繼》卷第幾。

序跋：前有自序及十卷標目，乃宋鄧椿又續郭若虛之書而作也。序末題
是年閏旦華國鄧椿公壽序。

鑑定：此書當題陳道人與郭書合刻者

（五）《湘山野錄》三卷續一卷　　（宋）釋文瑩撰

部類：子部小說類

著錄：

《百宋一廛賦注》

版本：陳道人刊本

行款：半葉九行，行二十字

（六）《圖畫見聞志》六卷　　（宋）郭若虛撰

部類：子部藝術類

內容簡介：〈直齋書錄解題〉卷十四著錄是書：「元豐中自序，稱大父司
徒公，未知何人。郭氏在國初無顯人，但有郭承祐耳。其書欲
繼張彥遠之後。」

1、著錄：
　　（1）《雙鑑樓善本書目》頁 89
　　　　　版本：明翻宋本
　　　　　行款：十一行二十字
　　　　　跋：鄭文焯藏有跋
　　（2）《鐵琴銅劍樓藏書目錄》
　　　　　版本：元鈔本三卷，宋刊本三卷
　　　　　行款：宋刊半葉十一行，行二十字
　　（3）《百宋一廛賦注》
　　　　　行款：每半葉十一行，每行二十字
　　（4）《古泉山館題跋》
　　　　　牌記：下題云「臨安府陳道人書籍鋪刊行」
　　　　　鑑定：而書中諱字尚有仍闕筆者，此則爲起所刊之書也
2、書影：
　　　　　現藏：北京圖書館〔書影三十〕
　　　　　行款版式：匡高十九點六公分，寬十三點九公分，十一行，行二十字。
　　　　　　　　　　白口，左右雙邊

（七）《續世說》十二卷　　（宋）孔平仲撰
　　　　　部類：子部小說類
　　　　　內容簡介：〈直齋書錄解題〉卷十一著錄是書：「編宋至五代事，以續劉
　　　　　　　　　　義慶之書也。」
　　（1）《藏園群書經眼錄》卷九
　　　　　版本：舊寫本
　　　　　行款：十行十八字
　　　　　牌記：目後有「臨安府陳道人書鋪籍鋪刊行」牌子
　　（2）持靜齋書目頁 15
　　　　　版本：舊景宋抄本
　　　　　牌記：目錄後有「臨安府陳道人刊行」八字二行木記，又後有刷印紙墨
　　　　　　　　　工食錢文
　　　　　序：紹興丁丑秦果序

（八）《燈下閑談》二卷 　（無編撰人）

　　部類：史部雜史類

　　內容簡介：王國維〈兩浙古刊本考〉云：「《館閣書目》載《燈下筆燈》

　　　　　　二卷，載唐及五代異聞。」

　著錄：

（1）《鐵琴銅劍樓藏書目錄》卷十七

　　牌記：後有「陳道人書籍鋪刊行」一行，是宋時刊本也，卷後屍守居士

　　　　　題識云，崇禎甲戌借葉林宗本錄仲昭所書。

（2）《藏園群書經眼錄》卷三

　　版本：清寫本，周錫瓚家藏

　　牌記：「陳道人書籍鋪刊行」

（九）《揮麈前錄》 　（宋）王明清撰

　　部類：史部雜史類

　　內容簡介：《直齋書錄解題》卷十一著錄是書：「故家傳聞、前言往行多

　　　　　　所憶。〈後錄〉跋稱亡卷，今多五卷。」

　著錄：

（1）《寶禮堂宋本書錄》頁 49

　　行款：半葉十一行，行二十字

　　版式：左右雙闌，版心細黑口，雙魚尾，書名題三錄，幾下記刻工姓名，

　　　　　卷中語涉宋帝均空格

　　刻工姓名：僅有尤、伯、全（尤、全疑係一人）

　　避諱：僅偵、戌、完、愼四字闕筆

（2）《百宋一廛賦注》頁 11

　　卷首有黃氏小像及藏印，惟並無陳道人刊行一行，殆已佚去。

　　版本：臨安府陳道人書籍鋪刊行本

　　行款：每半葉十一行，每行廿字

　　其他：所存僅第一第二兩卷，三錄三卷，卷首題朝請大夫主管台州崇道

　　　　　觀汝陰王清明一行

（十）《金壺記》　（宋）釋適之撰

內容簡介：傅增湘《藏園群書題記》卷六〈校金壺記跋〉稱此書仍剌取
群書所述文字書法之事。」

2、書影：

現藏：靜嘉堂文庫（書影三十一）

版本：孝宗以後刊本

行款：每半葉十一行，每行二十字

版式：白口，左右雙邊。縱六寸五分弱，橫四寸六分弱

其他：錢謙益、徐乾學、季振宜、馬玉堂等舊藏。

第三節　「陳道人書籍鋪」之考辨

葉德輝《書林清話》卷二〈南宋臨安陳氏刻書之一〉條中：「大抵臨安府棚北
大街睦親坊陳宅書籍鋪，為陳起父子所開，其云陳道人者，當屬之芸居（按：陳
起），其云陳解元者，當屬之續芸，至於陳思，但賣書開肆及自刻所著書，世行宋
書棚本各書，於思無與也。」另於同卷〈宋陳起父子刻書之不同〉：「以稱陳解元
書籍鋪、經籍鋪者，屬之起之子續芸，因推知單稱陳道人、陳宅書籍鋪經籍鋪者
屬之起。」此二條資料，皆以「陳道人書籍鋪」之牌記屬之陳起。然於第二條資
料之後，介紹「臨安府陳道人書籍鋪」、「臨安府陳道人書鋪」、「陳道人書籍鋪」
所刻之書，卻云：「以上確為續芸所刻」，前後所言顯然有矛盾。

解決此問題，首先須知陳道人為何人之稱。方回《瀛奎律髓》卷四十二〈贈陳
起〉詩下：「此所謂賣書陳彥才（按陳起），亦曰陳道人。……別有小陳道人，亦為
賈似道編管。」《兩宋名賢小集》中《芸居乙稿》前有陳起小傳：「陳起字宗之，錢
塘人，寧宗時鄉貢第一，時稱陳解元，居睦親坊，開肆鬻書，自稱陳道人。」兩條
資料，皆證明陳起有陳道人之稱。而丁申《武林藏書錄》卷中，〈小陳道人思〉：「當
時書肆林立，著名者，陳起之後，又有陳思，起自稱陳道人，世遂稱思為小陳道人。」
可知《瀛奎律髓》所載之小陳道人即為陳思。事實上，南宋時人亦逕稱陳思為陳道
人，例如：陳思所編《書小史》中，有謝愈修序云：「書小史者，中都陳道人所編也。」
（四庫本）《寶刻叢編》有殘缺無撰人序，中存文數行，小稱思為陳道人。而葉德輝
《書林清話》：「道人為鬻書者之通稱，不必專為思，亦不必專為起。」〔註1〕道人

─────────────

〔註1〕葉德輝，《書林清話》卷二〈宋陳起父子刻書之不同〉。

為鬻書者之通稱雖無證據，然陳道人之稱，確實不必專為陳起。

南宋臨安鬻書陳道人，現知有陳起、陳思兩人，然以「陳道人書籍鋪」為刻書牌記者，究為何人？仍須進一步討論。

四庫本《江湖小集》提要：「起字宗之，錢塘人，開書肆於睦親坊，亦號陳道人，今所傳宋本諸書，稱臨安陳道人，家開雕者，皆所刻也。」歷來亦皆以刻有「臨安府陳道人書籍鋪刊行」牌記之書，歸之陳起。然由現知確為陳起書鋪（陳宅書籍鋪、陳解元書籍鋪）所刻，幾乎全為集部之書，唯《賓退錄》、《經鉏堂雜記》屬子部之書，《經鉏堂雜記》所載乃明鈔本，不足為據，然《藏園群書經眼錄》所載之宋本《賓退錄》，與陳起所刻集部之書，其行款皆為半葉十行，行十八字，故推論陳起無論刻子部、集部之書，行款應皆相同；反觀以「陳道人書籍鋪」為牌記者，則全為經、史、子部書籍，毫無集部之書，且行款為半葉十行二十字或半葉十一行二十字，與陳起之刻書興趣、習慣迥然不同；此外，「陳宅書籍鋪」、「陳解元書籍鋪」所刻之書，版框高約為十七公分，寬約為十二公分，而「陳道人書籍鋪」所刻，則高約為十九公分，寬約為十三公分，亦可由此看出兩家書鋪並非使用同一雕板；至於起子續芸，則無「陳道人」之稱，現知確為續芸所刻之《汶陽端平詩雋》亦以「陳解元書籍鋪」為牌記，未見續芸以「陳道人書籍鋪」為牌記之書，而且亦未有刻經、史、子部書籍之記載，故《書林清話》不論將「陳道人書籍鋪」歸之陳起或續芸，皆不合理。

反觀陳思所撰之書：《寶刻叢編》（史部目錄類）、《小字錄》（子部類書類）、《海棠譜》（子部譜錄類）、《書苑精華》（子部藝術類）、《書小史》（子部藝術類），皆為史部、子部之書；而「陳道人書籍鋪」所刻之書：《燈下閒談》（史部雜史類）、《揮麈前錄》（史部雜史類）、《劇談錄》（子部小說類）、《湘山野錄》（子部小說類）、《續世說》（子部小說類）、《畫繼》（子部藝術類）、《圖書見聞志》（子部藝術類）、《歷代名畫記》（子部藝術類）、《金壺記》（子部藝術類），可看出陳思所撰與「陳道人書籍鋪」所刻之部類符合；而且陳思所撰之《書小史》、《書苑精華》，行款為半葉十一行，每行二十字〔註2〕，亦與「陳道人書籍鋪」所刻之行款符合；此外，現存陳思所自刻之《書苑精華》，其匡高十九點七公分，寬十三點七公分，亦與「陳道人書籍鋪」所刻之《圖書見聞志》，其匡高十九點六公分，寬十三點九公分相近〔註3〕；而且陳思亦有「陳道人」之稱，故以「陳道人書籍鋪」所刻

〔註 2〕《書小史》見《靜嘉堂祕籍志》卷七，《書苑精華》是，《藏園群書經眼錄》卷七。
〔註 3〕詳見《中國版刻圖錄》所著錄之，《書苑精華》及，《圖書見聞志》（見書影三十及書影三十二）。

歸之陳思〔註4〕，較爲合理，故本文不將「陳道人書籍鋪」所刻之書，列入陳宅書棚本中討論。

〔註 4〕葉名澧，《橋西雜志》：「陳思，《寶刻叢編》前序有陳道人之語，張氏金吾愛日精廬藏書志卷七，宋刻，《釋名》殘本四卷，前有『臨安府陳道人書籍鋪刊行』計十一字，按書賈稱道人，今久不聞，亦不知何意。」葉氏此話與本文之推論符合。

第五章　書棚本相關問題討論

第一節　陳宅書棚本之界定

「書棚本」之界定，論者各執其詞，莫衷一是，目前有四種說法：一爲專指陳起之陳宅書籍鋪所刻〔註1〕；一指陳起與尹家書籍鋪所刻〔註2〕；一指陳起與陳思所刻〔註3〕；一以書鋪地點與「棚」有關者爲「書棚本」。

現由藏書志中，提到書棚本者，幾乎全指陳宅所刻，故陳起書鋪所刻稱作「書棚本」較無疑問〔註4〕；而《寒瘦山房鬻存宋本書目》所著錄之《笯中集》，註明爲尹家書棚本，故有以尹家所刻爲書棚本之說法；另外，《藏園群書經眼錄》著錄《書小史十卷》：「陳思撰，宋書棚本」〔註5〕可見亦有將陳思所刻列爲書棚本之說法。

陳起父子所刻之書爲書棚本，較不受爭議，主要即因其牌記：「臨安府棚北大街睦親坊南陳解元宅書籍鋪」中有「棚」字，陳乃乾即直言：「其書每卷後間有臨安府棚北大街睦親坊南陳解元書籍鋪刊行一行，故俗謂之書棚本。」〔註6〕潘師美月：「據周淙乾道臨安志，知南棚巷、中棚巷，均在睦親坊左近，故陳氏父子所刻之書，又稱書棚本。」〔註7〕近人顧志興爲書棚本下定義：「宋時杭州有御街，旁

〔註1〕潘師美月，《圖書》，頁70。
〔註2〕（1）陳國慶於，《古籍版本淺說》，頁30。
　　　　（2）喬衍琯、張錦郎，《圖書印刷發展史論文集續編》，頁173。
〔註3〕（1）胡益民、周月亮，〈江湖集編者陳起交遊續考〉，《文獻》，1991年第1期，頁16。
　　　　（2），《簡明古籍辭典》，頁65。
〔註4〕第三章「陳宅書籍鋪」、「陳解元書籍鋪」多有例證。
〔註5〕《藏園群書經眼錄》卷七。
〔註6〕汲古閣本，《南宋六十家小集》。
〔註7〕《宋代藏書家考》，頁215。

有御河，河有棚橋，有長街，分南棚、中棚、棚北大街，這一帶書坊所刊之書，通稱書棚本。」〔註8〕皆以爲書棚本即與地點「棚」字有關。查《臨安乾道志》卷二記載：錢塘縣內有中棚界，仁和縣內有棚橋之地名。現知陳起雖爲錢塘人，然所經營位於睦親坊之書鋪，卻屬仁和縣境內，睦親坊南正面對棚橋之北，兩處交接之地恰爲睦親坊南面、棚橋北面之御街，故「棚北大街」即指御街，而「棚北大街」之「棚」應指棚橋〔註9〕。

　　然書棚本是否即與陳起牌記所載之地點有關呢？宋代臨安刻書相當興盛，坊刻書肆叢立，現知除有：「臨安府棚北大街睦親坊陳解元書籍鋪」，尚有「臨安太廟前尹家書籍鋪」、「杭州錢塘門裏車橋南大街郭宅書鋪」、「杭州眾安橋南行東賈官人宅經書鋪」、「杭州貓兒橋河東岸鍾家牋紙馬鋪」、「臨安府洪橋子南陳宅書籍鋪」、「臨安府鞔鼓橋陳宅書籍鋪」等，這些書鋪地點有的相當接近，而書鋪主人亦有同姓之情況，故牌記除標明姓氏外，多注明書鋪之地理位置，除方便購書人尋找外，最主要仍爲加以區別。南宋臨安坊刻眾多，然以陳起父子之陳宅書籍鋪及尹家書籍鋪爲兩大坊刻，故後代除常見陳宅刻書被載爲書棚本外，另有「臨安府太廟前尹家書籍鋪」所刻亦被稱作書棚本，然尹家位於太廟前，不論牌記、地點，皆與「棚」無直接關係，可知書棚本非因所在地點與「棚」有關與否而定。

　　「書棚」之名曾出現於唐詩，中唐韓愈孟郊聯句：「白鵝飛舞地，幽蠹落書棚」，晚唐皮日休〈江南秋懷寄華陽山人〉：「餓鳥窺食案，鬥鼠落書棚」，二詩之「書棚」，應指供讀書之小屋，辭意轉爲賣書之小屋，並不無可能，葉德輝《書林清話》〈書肆之緣起〉：「南宋臨安之書棚、書鋪，風行一時。」即明言書棚乃書鋪之義。而陳國慶《古籍版本淺說》於坊刻本定義中：南宋時臨安的書棚、書鋪，即市上的書坊。大抵皆云書棚即書鋪，卻不言「書棚本」爲書鋪所刻之坊刻本，而謂其專指陳宅所刻，或包含尹家出書。

　　「書棚本」現多出現於清代藏書志中，應爲後代之賞鑑家始用此名稱，而「書棚本」雖多指陳宅書籍鋪之刻書，或偶指陳思、尹家書鋪所刻，然未特別標明爲何家書鋪之書棚本亦不在少數〔註10〕。事實上，《藏園群書經眼錄》著錄《孟東野詩集》，曾有按語：「此書棚本可能並非陳起所刻，而爲當時之坊刻本。」顯然當時賞鑑版本家，僅將陳起所刻視爲書棚本之一，並未特指某家坊刻始爲書棚本。而《楹書隅錄》著錄《甲乙集》，曾評陳宅「此本尤書棚本中上駟也。」：《群碧樓

〔註 8〕《浙江出版史研究》，頁 153。
〔註 9〕棚橋可能即如清明上河圖所繪：橋上搭棚售物之景觀。
〔註10〕詳見第四章第一節。

善本書錄》著錄《李推官披沙集》亦對於臨安陳宅刻本，有所評價：「世之好古書者言宋刊，或輕視棚本，其實陳氏在當日頗富時譽，如所編宋人小集，藏家至今重之，非若後來坊賈徒競於利之為也。」可見書棚本屬坊刻本，在宋代刊本中，並非佳本，亦未受到賞鑑家之重視，而陳宅所刻因居書棚本中之上駟，故為後代藏書家所爭相購藏〔註 11〕，以致今日所見藏書志著錄之書棚本，多指陳宅書籍鋪所刻。

　　《群碧樓善本書錄》著錄《李推官披沙集》：「世之好古書者言宋刊，或輕視棚本，其實陳氏……非若後來坊賈徒競於利之為也。」可見「書棚本」雖非單指某家之刻書，然亦僅指宋代坊刻本而言，並非泛指各代坊刻本。而現今所言之書棚本有牌記可考者，僅有陳起、陳思、尹家三家，皆屬南宋臨安書鋪；此外，《日本訪書志》卷十四著錄《李推官披沙集》六卷：「後有『臨安府棚北大街陳宅書籍鋪印行』，世謂之府棚本。」此處所謂「府棚本」，即指臨安府之書棚本，而杭州於南宋建炎三年始升為臨安府，故「書棚本」應由宋代坊刻本之定義，進一步界定為南宋臨安府之坊刻本。

　　由以上所論，「書棚本」並不因陳宅書鋪之牌記、地點而得名，其得名乃因後代賞鑑家為有別於宋代之官刻本、家刻本，遂將宋代之坊刻本，名為「書棚本」。由於陳宅與尹家為兩大坊刻，流傳較多，而陳宅書棚本又較受好評，為藏書家所重視，故多著錄於藏書志中。然陳宅書籍鋪之書棚本已難區別何為陳起所刻，何為其子續芸所刻，故以下即以「陳宅之書棚本」為名，加以討論。

第二節　陳宅書棚本之特色

　　書棚意即書坊，故書棚本乃屬坊刻本。書坊是我國早期私營出版事業，宋代已相當發達，以前雕賣印本的鋪子稱某家，到了宋代就名正言順地稱為書鋪、書當、書肆、經籍鋪、書籍鋪、刻書鋪〔註 12〕。坊刻書籍一般是不如官刻和家刻精美的，因為坊刻必需適應大眾的購買力，書籍定價不能高，有時為了節省成本或急於出書，往往粗製濫造、校勘不精、內容平庸、紙墨低劣，因此坊刻書通常不為藏書家和學術研究工作者所重視。

　　書坊所刊之書大致有幾種類型：一、前代的著作；二、日用參考書和許多著

〔註 11〕《藏園群書題記》、，《群碧樓善本書錄》著錄，《李推官披沙集》中有詳細記載。
〔註 12〕姚福申，《中國編輯史》，頁 164。

名的文集、類書以及日用便覽之類；三、童蒙讀本；四、學習、考試應用的工具書；五、民間詩歌、戲曲、小說、評話、小唱、彈詞、寶卷之類的所謂民間文學〔註13〕。大部分皆以營利爲目的，坊刻一般即因謀利，缺乏理想，故不受好評。陳起以經營書鋪爲主，並不能完全排除此目的，然其出版品內容及形制之特色，自蘊含著一出版家之理想。

在出版內容上，陳起所刻之書以前代著作爲主，同時重視時人之作品。現存陳宅書棚本幾乎全屬詩集，此可能與陳起之家藏及其本身之興趣，有著密切關係，然與當時之文風，更有顯著關係。陳起與當時江湖詩人多有交遊，故陳宅書籍鋪除「詩刊欲遍唐」外，又多刻江湖詩人之別集。

陳起雖以鬻書爲業，然出版時人作品，卻是有著嚴格之選稿標準，大抵求精而不在多。例如：黃文雷《看雲小集》自序：「芸居見索，倒篋出之，料簡僅止此。自〈昭君曲〉而上，蓋經先生印正云。」又如：張至龍《雪林刪餘》自序：「予自髫齔癖吟，所積稿四十年，凡刪者數四。比承芸居先生又爲摘爲小編，特不過十中之一耳。……予遂再挽芸居先生就摘稿中拈出律絕各數首，名曰刪餘，……芸居所刪非爲蕪淬設，特在少，而不在多耳。」張至龍在江湖詩派中，亦有其地位，卻一再請陳起爲他選稿，可見當時詩人並非僅將陳起視爲書商，亦尊他爲選家，故其友葉茵稱讚他：「江湖指作定南針」〔註14〕。書坊大量出版、流通，不但對文化發展帶來莫大好處，同時也創造或顯現出一些民間所愛好之藝術風格，故一個具有相當影響力之書坊，在中國出版史上，自不容忽視。

此外，陳宅書棚本之形制特色，可分以下幾類討論：

一、字體風格

以杭州爲中心的兩浙地區刻本，近代以來學者的研究指出其字體特徵是「字體方整，刀法圓潤」。李清志先生舉例印證此種浙本特徵，即以《南宋群賢小集》九十五卷　（中圖所藏宋嘉定至景定間臨安府陳解元宅書籍鋪刊本）〔註15〕爲代表之一。至於其書法風格，則大多帶有歐陽詢的書風，或兼採柳體書法。然時代愈晚，歐體之風愈失。南宋末期臨安府陳解元宅書籍鋪刊本，所謂「書棚本」之字體，前人多歸屬於歐體字；但李清志先生就中央圖書館所藏書棚本《南宋群賢小集》，作筆法分析，認爲其字體實應歸入柳法之中，而間帶歐體筆意者，此從其

〔註13〕劉國鈞，〈宋元明清的刻書事業〉（見《中國古代書籍史話》，頁108）。
〔註14〕《南宋群賢小集》葉茵贈〈陳芸居〉。
〔註15〕李清志，《古書版本鑑定研究》，頁49。

橫畫起筆皆作前述柳體之方整筆法，最爲明顯；而就抽樣字體與法體中之柳書作比對，亦可證明極逼近柳體〔註16〕。

二、行款版式及紙質

無論官刻、家刻、坊刻，其行款往往有其定式，南宋臨安「陳宅書籍鋪」所刻之書，皆爲半葉十行十八字，白口，單魚尾，左右雙欄，版框高約爲十七公分，寬約爲十二公分。據李清志先生研究，中圖所藏宋嘉定至景定間臨安府陳解元宅書籍鋪刊本之《南宋群賢小集》，絲紋間距皆二點六公分；紙色微白、微黃；紙質由多種紙共印而成，中以黃麻紙、竹紙居多，間有白麻紙〔註17〕。

三、避　諱

宋朝自太祖即位就開始避諱，至眞宗時避諱法已頗完備；南北宋之際，因兵荒馬亂之故，避諱制度，稍嫌紊亂；紹興以後又漸趨嚴謹。約自理宗後半期始，國勢趨衰，避諱亦漸鬆懈。若係覆刻前代版本者，避諱字多沿襲原本，而未避原版刊刻時代以後諸帝廟諱及今上皇帝諱；若就出版機構而言，則官方刊本避諱較嚴，坊間刊本較鬆懈。〔註18〕

茲列陳宅書棚本避諱之二例，作爲參考：

（一）《常建詩集》二卷　　（唐）常建撰

1、《宋版書特展目錄》頁 27 著錄《常建詩集》二卷：「宋諱避至樹字止。」按：「樹」乃北宋英宗之諱。

2、《故宮博物院宋本圖錄》頁 143 著錄《常建詩集》二卷：「宋諱玄、絃、筐、貞諸字減筆。」按：「玄、絃、筐」爲宋太祖之諱，「貞」 爲宋仁宗之諱。

（二）《賓退錄》十卷　　（宋）趙與時撰

1、《藏園群書題記》第七著錄陳宅刊《賓退錄》十卷：「書中語瀿朝廷空格，宋諱徵、郎、匡、貞、桓、愼、敦皆爲字不成。」按：「徵、貞」爲宋仁宗之諱，「郎、匡」爲宋太祖之諱，「桓」爲宋欽宗之諱，「愼」爲宋孝宗之諱，「敦」爲宋光宗之諱。

陳宅書棚本之特色大抵如此，雖然其他書鋪亦有可能與陳宅書鋪所刻之字體、行款、版式相同，但是根據這些特色鑑定陳宅書棚本，卻是相當重要之憑藉。

〔註16〕李清志，《古書版本鑑定研究》，頁 48。
〔註17〕李清志，《古書版本鑑定研究》，頁 145。
〔註18〕李清志，《古書版本鑑定研究》，頁，199。

第三節　陳宅書棚本之評價

　　兩宋私家刻書，據《天祿琳琅書目》〈茶晏詩〉所言，以：「趙、韓、陳、岳、廖、余、汪」為最著名。趙者，巨州守長沙趙淇；韓者，臨邛韓醇；陳者，陳解元起；岳者，岳珂；廖者，廖瑩中；余者，建安勤有堂余氏，汪乃新安汪綱〔註19〕。當時私刻為了揚名大都不惜工本，勤力校讎，力求精美。陳解元書籍鋪出版品，能與最佳私刻媲美，自然是坊刻本中的翹楚了。故書棚本雖因屬坊刻，而不為藏家所珍視，然陳宅書棚本卻獨有好評。「陳宅經籍鋪」幾十年間幾乎刻遍了唐、宋人之詩集。其雕版工整，字體清秀，行格疏朗，紙墨精美，被推為坊刻本中之上乘〔註20〕。

　　以下列舉幾個對「陳宅書棚本」所刻各書之評價：

　　一、《菉圃藏書題識》評《唐女郎魚玄機詩》：「歷為諸名家寶藏，古色古香，溢于楮墨，真為奇秘之物。」

　　二、《群碧樓善本書錄》評《李群玉詩集》：「余藏宋板唐人集亦夥矣，多載百宋一廛賦中，即今散逸將盡，而至精極美者，尚有一二種，歷經名家藏弄，世罕其匹也。謂菉翁重視二李過於他書，沅叔嘗謂余雖貧，他書可去，而此必不可去，吾固將抱此以沒世矣。」

　　三、《楹書隅錄》評《唐柳先生文集》四十五卷外集二卷：「四庫提要稱為槧鍥精工，紙墨如新，足稱善本，良可寶貴。」

　　四、《楹書隅錄》評《韋蘇州集》：「臨安陳氏書棚本，唐人集最多，在宋槧中亦最精善。」

　　五、《楹書隅錄》卷四《甲乙集》十卷：「此本尤書棚本中上駟也。」

　　六、《儀顧堂續跋》評《梁江文通集》：「此外字句之間，勝汪張兩本處甚多。七閣箸錄未見此本，可見流傳之少矣。」

　　七、《日本訪書志》評《李推官披沙集》：「蓋陳氏在臨安刊書最多，而且精也，今觀此刻本印雅潔，全書復完美無缺，信可寶也。」

　　八、《群碧樓善本書錄》評：「披沙集六卷亦臨安陳宅刻本，世之好古書者言宋刊，或輕視棚本，其實陳氏在當日頗負時譽，如所編宋人小集，藏家至今重之，非若後來坊賈徒競於利之為也。」

　　九、《藏園群書題記》評《石屏時續集四卷》：「余向舊鈔四卷，又得明刻黑口

〔註，19〕毛春翔，《古書版本常談》，頁26。
〔註20〕劉國鈞，〈宋元明清的刻書事業〉（見《中國古代書籍史話》，頁108）。

本，從未以此讎勘也，頃居索無聊，取與黑口本相校，知書棚本字句勝明刻多矣，雖未全校，略見一斑，燒燭書，此壬申中秋後下弦日復翁。」

十、《藏園群書經眼錄》卷十二評《唐王建集》十卷：「此書余嘗校過，甚佳。」

十一、《寶禮堂宋本書錄》評《唐女郎魚玄機詩》：「鐫刻俱精，明嘉靖刻唐百家詩曾有覆本，今日已極罕見，況此爲南宋原槧耶，宜宋廛主人之珍如拱璧也，蕘圃原有長跋記得書始末甚詳，今已佚去。」

十二、《中國版刻圖錄》評《唐女郎魚玄機詩》：「鐫刻秀麗工整，爲陳家坊本中代表作。」

由諸目錄書對陳宅書棚本之評價，多在鐫刻、紙墨等形制上有所好評，對於版本校勘上之評價著墨不多。可見陳宅書棚本受到藏書家之珍愛，多因其書精美，值得賞鑑寶藏。

另外，戴表元《題孫過庭書譜後序》：「杭州陳道人家印書，書之疑處，率以己意改令諧順，殆是書之一厄。」故張秀民先生認爲：「陳起出版品校勘不精，但是由於杭州刻印工技藝術高明，紙墨工料又多選上等，所以「書棚本」仍不失爲刻印精美的藝術品，爲明清以來藏書家所寶愛。」〔註 21〕事實上，除陳起有「陳道人」之稱外，陳思亦有此稱，戴表元所言之「陳道人」很有可能即指陳思，因戴表元所題之《孫過庭書譜》屬子部藝術類，而陳思所撰之《書苑精華》、《書小史》及「陳道人書籍鋪」所刻之《畫繼》、《歷代名畫記》皆同屬此部類之書，本文第四章第三節已考辨「陳道人書籍鋪」之牌記應爲陳思所刻。陳思刻書興趣在子部，陳起則好刻集部之書，故戴表元所言刻印《孫過庭書譜》之陳道人，應爲陳思，而張秀民先生對陳宅書棚本所評雖是，然以戴氏之言說明陳起出版品校勘不精，則並不恰當。

第四節　陳宅書棚本之影響

南宋初期刻本多覆刻本，字體接近北宋杭州刻本之古樸遺風。自初期之後半起，新的刻版開始盛行，風格稍變；但誠如長澤氏所言，至少至光宗止，兩浙刻本字體之變化不大；其後有逐漸趨於整齊美觀，卻無活力之傾向。至末期遂產生了便於刻板印刷之書棚本字體；此種字體自明中葉倣效以後，逐漸演變爲流行迄今之所謂「宋體字」之印刷體，足見浙版字體影響後世之大。長澤規矩也《中國

〔註 21〕張秀民，《中國印刷史》〈南宋刻書地域考〉，頁 90。

版本版式之變遷》中〈關於漢籍刊本之字樣〉:「至南宋末期的所謂『臨安書棚本』,才出現特有的版刻字樣。明版的代表字樣,嘉靖與萬曆兩體,即模倣這種書棚本的字樣而來。」〔註22〕陳宅書棚本之字體即爲影響後代所謂「宋體字」代表之一。

　　陳宅書棚本除了字體對後世有影響之外,在古籍刊刻方面,亦可看出其影響,以下即依總集、專集來討論。

一、總　集

　　《日本訪書志》卷十四著錄《李推官披沙集》六卷:「每半葉十行,行十八字。首有紹熙四年楊萬里序,序後有『臨安府棚北大街陳宅書籍鋪印行』,世謂之府棚本。……明朱警刻百家唐詩稱皆以宋本裒刻,所收咸用詩(按:《李推官披沙集》)即據此本(按:陳宅書棚本),行款亦同,唯刪其卷首、總目,其中閒有墨丁訛字。席氏百唐詩集,又源于朱本皆補塡之,而誤字尤多。」此即言朱警《百家唐詩》中有採用陳宅書棚本之情況,若席氏《百唐詩集》又源於朱本,則間接源自陳宅書棚本。此外,江標《唐人五十家小集》每家詩集皆註明版本,其中亦曾採用陳宅書棚本爲刊刻底本,以下即介紹此三本,討論是否確受陳宅書棚本之影響。

(一)《唐百家詩選》　　(明)朱警

　　《藏園群書經眼錄》卷十七著錄《唐百家詩附唐詩品一卷》:「明嘉靖庚子華亭朱警刊本,十行十八字,白口,左右雙闌。凡初唐二十一家,盛唐十家,中唐二十七家,晚唐四十二家,其家數詳載彙刻書目。目後有朱警後語一篇,言先大夫雜取宋刻裒爲百家,友人徐君伯臣作唐詩品一卷,乃徇其所尙,差爲品目,於舊本之外補入十二家,而徐君所撰冠諸篇首云。是徐氏詩品非爲此刻而作,故詩品所列八十五家中,朱氏所收祇有七十四家,其王維以下十一家不見此刻也。詩品前有徐獻忠自序一首。詩前亦載賦、頌。」《唐百家詩選》現藏於中圖,有明嘉靖刊本及明鈔本兩個版本。

　　朱警〈唐百家詩後語〉:「先大人馳心唐藝,篤論詞華,乃雜取宋刻,裒爲百家,初以晚唐諸子格詞卑下,欲加刪易。……予小子涓薄無似未敢輕議友人徐君伯臣作唐詩品一觚,其論三變之源委,探諸子之怳意,各深其議,如抵諸掌,雖古之善言者,曷以加焉。遂乃徇其所尙,差爲品目,于舊本之外,補入一十二家,而以徐君所撰冠諸其端。」

　　由以上兩段話,可略知朱警《唐百家詩選》著書原委、書中之內容及體例,然而此書除行款、版式與陳宅書棚本相同外,並未著明所採用之版本,亦無保留

陳宅書棚本之牌記，甚至序跋中，亦未稍提書棚本，故百家之中，究有那些別集確實採用陳宅書棚本，則不得而知。

（二）《唐人百家詩》三百二十六卷　（清）席啓寓編

《藏園群書經眼錄》卷十七著錄《唐刻唐人百家詩》三百二十六卷：「清席啓寓刊本。有葉變序，又康熙千午吳郡席啓寓序，言歷三十年始刻成，為卷二百八十有奇云云。」此書現有兩個版本，一為清康熙四十一年洞庭氏琴川書屋刊本；一為民國九年上海掃葉山房石印本，史語所藏有此二本。

《日本訪書志》卷十四著錄《李推官披沙集》六卷：「明朱警刻百家唐詩稱皆以宋本裒刻，所收咸用詩（按：《李推官披沙集》）即據此本（按：陳宅書棚本），行款亦同，唯刪其卷首、總目，其中閒有墨丁訛字。席氏百唐詩集，又源于朱本皆補填之，而誤字尤多。」朱本與席本所收詩集重複甚多，若朱本採用書棚本刊刻，而席本又源於朱本，則席本應間接採用了陳宅書棚本。

然而，席啓寓〈唐詩百名家全集〉序：「藏書之富，則有若彭城絳雲。雕印之精，則有若西河汲古，比之二酉石倉竹居鬱儀未易軒輊也。余以固陋僑寓名區，獲交於賢士大夫，握手清言，商及文字，輒以有唐一代之詩，未有以全集彙成全書者。……於是持宋槧木見遺者，亦日至乃募良工為之鋟版。」葉變《百家唐詩序》：「虞山虞部席治齋先生壯歲官于朝，即陳情乞歸養，高臨家園，以著述為己任。暇日出其篋衍所藏唐人詩，自貞元元和以後，時俗所稱為中晚唐人，得百餘家皆係宋本原本，一一校讎而付之梓意，以謂是詩也。」此二序皆云席本多直接採用宋本，並未提及朱本，而藏園所言席本源於朱本不知何據。此外，席序中又云：「一句一字互有異同者，則分注某本作某字，不敢妄加臆測也。蓋諸家之所輯者，各徇所見，務擇其精。而余之所刻者，必博采所傳，務求其備，薈萃名編，而折衷於益友。」可見席本所採用之本甚多，其受陳宅書棚本之影響究有多少，則無法得知。

（三）《唐人五十家小集》　江標

鄧邦述《碧雲集》補記：「昔江建霞（江標）前輩刊五十唐人集皆用棚本，惜未見其真面。」現存《唐人五十家小集》僅清光緒二十一年元和江氏影宋刊本，東海大學、台大總圖、史語所皆藏有此本。

江標此本所收之五十家小集，皆於書名前註明版本，然其註明或詳或略，並無法確知那些小集採用了陳宅書棚本，其中註明陳道人本應即為陳宅書棚本，而標明陳思本者，疑為陳起本之誤。茲將《唐人五十家小集》中，較有可能為陳起

所刻之詩集，一一列後參考。

1、王勃集　南宋書棚本唐人小集　光緒二十一年乙未影刻於湖南使院　元和江標記

2、楊炯集　宋睦親坊本　元和江氏影刊

3、駱賓王集　南宋陳道人家本

4、唐司空集　宋臨安府刊本

5、李端集　書棚本

6、耿湋集　影刻陳思本之一

7、朱慶餘集　睦親坊陳家刻　南濠江氏重梓

8、唐求集　江建霞藏宋本重影刊

9、張蠙集　江氏得南宋書棚本精刻

10、披沙集　宋十行十八字臨安府棚本

11、劉乂集　陳宅書籍鋪本南宋刻

12、章孝標集　宋臨安府棚北大街睦親坊南陳宅刊本

13、漁玄機集　南宋陳道人精刊
　　　　　　臨安府棚北睦親坊南陳宅書籍鋪印

14、齊己集　宋書棚小集江建霞重刻

15、儲嗣宗集　書棚本

16、會昌集　睦親坊陳宅刻本

17、殷文珪集　江氏刻宋本唐人集　仿書棚槧本影寫

18、無名氏集　南宋書棚本江氏影梓本

19、張司業集　宋睦親坊本重梓

二、專　集

（一）後世刊刻之影響

1、《唐求詩》一卷　（唐）唐求撰

　　《善本書室藏書志》卷廿五著錄《唐求詩》一卷：「按黃蕘圃士禮居藏書記有云：延合季氏宋版目中載之書僅八葉，計詩三十五首，與韋蘇州集同一行式，皆臨安府棚北大街睦親坊南陳宅書籍鋪刊行者，此本無不吻合，殆仿書棚本覆刊也。」此乃明仿宋刊書棚本刊刻者。

2、《梁江文通集》一卷　（梁）江淹撰

　　《靜嘉堂祕籍志》卷三十一所著錄之《梁江文通集一卷》，蓋明仿宋本跋作南

宋書棚本。

3、《隨州集》十卷外集一卷　　（唐）劉長卿撰

　　《文祿堂訪書記》卷四所著錄之《隨州集十卷外集一卷》為明宏治庚申李士修刊本，其行款為每半葉十行，每行十八字，宋諱多缺避，當是遵宋棚本覆刻。

4、《張處士集》　　（唐）張祐撰

　　《善本書室藏書志》卷十所著錄之《張處士集》為明正德中依宋刊書棚本。

5、《權德輿集》　　（唐）權德輿撰

　　現藏於中央圖書館之《權德輿集》（書影二十一），其版式為十行十八字，白口，單魚尾，左右雙邊，中圖註明為明覆刊宋書棚本。

6、《河嶽英靈集》　　（唐）殷璠撰

　　現藏於中央圖書館之《河嶽英靈集》（書影二十三），其版式半葉十行，行十八字，白口，單魚尾，左右雙邊，中圖註明為明覆刊宋書棚本。（北京圖書館所藏亦為明覆刊宋書棚本）

7、《國秀集》　　（唐）芮挺章撰

　　現藏中央圖書館之《國秀集》（書影二十五），其版式為十行十八字，白口，單魚尾，左右雙邊，中圖註明為明覆刊宋書棚本。

（二）後世影刊之影響

1、《李推官披沙集》

　　上海涵芬樓借上元鄧氏三李盦藏宋刊書棚本景印（《四部叢刊》）

2、《李群玉集》

　　上海涵芬樓借上元鄧氏三李盦藏宋刊書棚本景印（《四部叢刊》）

3、《碧雲樓》

　　上海涵芬樓借上元鄧氏三李盦藏宋刊書棚本景印（《四部叢刊》）

4、《朱慶餘詩集》

　　上海涵芬樓借瞿氏鐵琴樓藏宋刊書棚本景印（《四部叢刊》）

5、《周賀詩集》

　　上海涵芬樓借瞿氏鐵琴樓藏宋刊書棚本景印（《四部叢刊》）

　　由以上所列舉受到陳宅書棚本影響之刊本，在總集中，除了江標《唐人五十家小集》確實曾採用陳宅書棚本外，朱警《唐百家詩選》及席啟㝢《唐詩百名家全集》所受之影響並不明顯；而專集中，後代覆刊宋書棚本之書，皆無牌記可證；至於目錄書所載以陳宅書棚本為鈔寫之本，僅為藏書家存錄，並無刊刻之影響。

雖然如此，卻不能因此認爲陳宅書棚本影響後世刻書甚微。

王國維在《兩浙古刊本考》：「今所傳明刊十行十八字本唐人專集、總集，大抵皆出陳宅書籍鋪本也。然則唐人詩得以流傳至今，陳氏刊刻之功爲多。」今檢查諸目錄書所載十行十八字本之唐人總集、專集，絕少註明以陳宅書棚本爲刊刻底本，此大抵因後人轉刻前人書籍無標明採用何種版本之習慣，因此現僅能從其版本之對照中，得其梗概。然十行十八字既爲陳宅書棚本之特色，則王國維先生所云當在情理之中，故陳起「詩刊欲遍唐」因而保存、流傳古籍之功，實不可沒。

此外，陳宅所刻江湖詩人之詩集，造成後代輯佚之風潮，已於本文第二章討論過，於此不再重述。值得一提的是，清曹庭棟《宋百家詩存》中，半數與顧修《南宋群賢小集》相同〔註23〕，此僅說明了《宋百家詩存》與《南宋群賢小集》二書之來源相同，並不能以此說明《宋百家詩存》受了陳起輯書之影響。事實上，陳起之《江湖集》已不得見其原貌，故陳起在輯書內容、體例上之影響，則無從討論。

〔註23〕參見《中國古代文學論稿》，胡念貽〈宋百家詩存及其與南宋江湖前、後、續集的關係〉。

結 論

　　陳起是一位藏書甚豐，嗜詩如命，一生以刊刻詩集為職志之出版家。其子名續芸，續芸並非陳思，陳思與陳起父子並無直接關係，而由陳思現存著作及刻書，皆無集部，故後世為《江湖集》所輯佚之書，實不應掛上陳思之名。此外，陳世隆為陳起之孫輩較合情理，故《兩宋名群賢小集》之編者載為陳思，值得後世懷疑。

　　陳起嗜詩如命，與江湖詩人往來，乃因志同道合，不應嚴苛為附庸風雅。其經營書肆主要雖為了營生，卻不能忽視刊刻流傳書籍之功，其出版事業不但呈現一位出版家之志趣，亦蘊含著一位出版家之理想。

　　陳起有「陳解元」、「陳道人」之稱，而「陳解元書籍鋪」、「陳宅書籍鋪」之牌記確為陳起所刻，然「陳道人書籍鋪」則非陳起之牌記，應為另一陳道人——陳思所有。唯有釐清此一觀念，始能歸納陳宅書棚本之特色、價值及影響。

　　宋本多為白口，單魚尾，左右雙邊，陳宅書棚本之形制亦皆如此，而陳宅書棚本，與其他刻本之區別，乃其半葉十行十八字之行款及唐宋人小集之特色，此可作為鑑別陳宅書棚本參考之依據。

　　王士禛《居易錄》：「今人但貴宋槧本。顧宋板亦多訛誤，但從善本可耳。」可見宋本並非全為佳本。錢大昕《十駕齋養新錄》：「今人論宋槧本書，謂必無差誤，卻不盡然。陸放翁跋歷代陵名云：「近世士大夫所至，喜刻書板，而略不校讎。錯本書散滿天下，更誤學者，不如不刻之為愈也。」南宋在印刷品大量出版之下，刻本之錯誤亦相對提高。宋岳珂《九經三傳沿革例》：「學者言經學則崇漢，言刻本則貴宋。余謂漢學不必不非，宋版不必不誤。」故鑑定版本之優劣，必需兼顧其書之內容與形制，無需一味地佞宋。而南宋臨安書棚本乃屬坊刻本，坊刻品質差異甚鉅，縱使坊刻臣擘——陳起所刻之書棚本中，仍應與其他善本詳加比較，始能定為上駟。

　　張之洞《書目答問》勸人刻書云：「刻書者，傳先哲之精蘊，啓後學之困蒙，亦利濟之先務，積善之雅談也。」至於書店要收購古書、銷售古書，均應懂得版本的價值，才能作好出版事業。本文介紹一出版業之老祖宗——陳起，其審稿嚴格，刊刻精美，不薄古今，足爲後世之典範。

參考書目

（在本文中已詳加討論之輯書、刻書，不列在參考書目中）

一、古籍及藏書目錄（依四部分類）

1. （宋）晁公武撰，《郡齋讀書志》（廣文書局，1967 年出版）。

2. （宋）陳振孫撰，《直齋書錄解題》（廣文書局影印清武英殿輯永樂大典本）。

3. （宋）岳珂，《九經三傳沿革例》（清《文淵閣四庫全書》本）。

4. （元）脫脫等撰，《宋史》（1937 年上海涵芬樓影印元至正刊本）。

5. （明）姚廣孝等撰，《永樂大典》（世界書局印行，1977 年 1 月再版）。

6. （清）于敏中、彭元瑞等撰，《天祿琳琅書目》（廣文書局影印清光緒長沙王氏校刊本）。

7. （清）紀昀，《四庫全書總目提要》（藝文印書館）。

8. （清）徐乾學、徐秉儀，《傳是樓書目附培林堂書目》（1905 年仁和王氏鉛印本）。

9. （清）孫星衍撰，《孫氏祠堂書目內外編》（廣文書局，《書目三編》，1969 年 2 月初版）。

10. （清）張金吾，《愛日精盧藏書志》（據東海大學藏清光緒年間靈芬閣印本）。

11. （清）周中孚，《鄭堂讀書記》（台北：世界書局，1960 年出版）。

12. （清）瞿中溶，《古泉山館題跋》（藕香零拾二十九種著錄）。

13. 顧廣圻撰，黃丕烈注，《百宋一廛賦注》（台北：廣文書局，1968 年 3 月初版）。

14. （清）韓應陛編，《雲間韓氏藏書目》（成文出版社，《書目類編》第八十六冊，據 1930 年松江韓氏據原稿影印本出版）。

15. （清）丁日昌編，《豐順丁氏持靜齋書目》（成文出版社，《書目類編》第三十一冊，據清光緒廿一年元和江標刻本影印出版）。

16. （清）楊紹和撰，《楹書隅錄》（廣文書局，《書目叢編》，1967 年出版）。

17. （清）瞿鏞撰，《鐵琴銅劍樓藏書目錄》（台北：廣文書局，《書目叢編》，1967年影印出版）。

18. （清）瞿啓甲編，《鐵琴銅劍樓宋元本書影》（廣文書局，《書目四編》本，廣文書局據 1922 年常熟瞿氏鐵琴銅劍樓影印本）。

19. （清）趙翼，《二十二史箚記》（《叢書集成》本）。

20. （清）丁丙，《善本書室藏書志》（清光緒二十七年錢塘丁氏刊本）。

21. （清）潘祖蔭撰，《滂喜齋藏書記》（台北：廣文書局，《書目叢編》，1967 年影印出版）。

22. （清）張之洞，《書目答問》（新文豐出版公司，1974 年 12 月）。

23. （清）陸心源，《皕宋樓藏書志・續志》（清光緒八年歸安陸氏十萬卷樓刊）。

24. （清）陸心源撰，廣文書局書目續編，《儀顧堂續跋》（台北：廣文書局，1968 年影印出版）。

25. （清）陸心源輯，《宋史翼》（文海出版社影印本，1967 年）。

26. （清）葉昌熾，《藏書紀事詩附補正》（上海古籍社，1989 年 9 月）。

27. （清）張鈞衡，《適園藏書志》（台北：廣文書局，1968 年 3 月初版）。

28. （清）葉德輝，《郋園讀書志》（1928 年上海澹園鉛印本）。

29. （清）葉德輝撰，《書林清話》（台北：世界書局出版，1983 年 10 月四版）。

30. 鄧邦述撰，《群碧樓善本書目》（台北：廣文書局，1967 年 12 月初版）。

31. 鄧邦述撰，《寒瘦山房鬻存善本書目》（台北：廣文書局，1967 年 12 月）。

32. 莫伯驥，《五十卷萬卷樓藏書目錄初編》（台北：廣文書局，1967 年出版）。

33. 潘宗周撰，《寶禮堂善本書錄》（南海潘氏鉛印本，民國 28 年）。

34. 王文進撰，《文祿堂訪書記》（北平文祿堂書籍舖鉛印本，東海藏 1942 年初版）。

35. 張元濟著、顧廷龍編，《涉園序跋集錄》（上海古典文學，1957 年出版）。

36. 葉啓勳，《拾經樓紬書》（廣文書局影印，1967 年 8 月初版）。

37. 傅增湘，《藏園群書經眼錄》（北京：中華書局，1983 年初版）。

38. 李盛鐸，《木樨軒藏書題記及書錄》（北京大學出版社，1985 年第 16 版）。

39. （日）岩崎彌之助藏，河田熊撰，《靜嘉堂祕籍志》（日本大正六年，1907 年）鉛印本）。

40. （宋）陳耆卿，《嘉定赤城志》（據清嘉慶二十三年刊，成文出版社，1983 年）。

41. （明）樊維城、胡震亭等纂修，《海鹽縣圖經》（據明天啓四年刊本影印成文出版社，1983 年）。

42. （清）白潢等修、查慎行等纂，《西江志》（清康熙 59 年刊本，成文出版社景印）。

43. （清）李登雲，《永樂樂清縣志》（據清光緒二十七年修成文出版社，1983 年）。

44. （宋）周密，《齊東野語》（清《文淵閣四庫全書》本）。

45. （宋）羅大經，《鶴林玉露》（明萬曆辛丑（二十九年），武林謝氏刊本）。

46. （宋）吳自牧，《夢錄梁》（《叢書集成》本）。

47. （宋）葉夢得，《石林燕語》（清《文淵閣四庫全書》本）。

48. （宋）黃震，《黃氏日抄》（清《文淵閣四庫全書》本）。

49. （宋）張端義，《貴耳集》（清《文淵閣四庫全書》本）。

50. （宋）曾極，《金陵百詠》（清《文淵閣四庫全書》本）。

51. （宋）趙彥衛，《雲麓漫鈔》（《叢書集成》本）。

52. （宋）張世南，《遊宦紀聞》（清《文淵閣四庫全書》本）。

53. （宋）葉紹翁，《四朝聞見錄》（清《文淵閣四庫全書》本）。

54. （元）陳世隆，《北軒筆記》（清《文淵閣四庫全書》本）。

55. （清）葉名澧，《橋西雜記》（《叢書集成》本）。

56. （清）王士禎，《居易錄》（清《文淵閣四庫全書》本）。

57. （清）錢大昕，《十駕齋養新錄》（四部備要本）。

58. （宋）陳起編，《江湖小集》（清《文淵閣四庫全書》本）。

59. （宋）陳起編，《江湖後集》（清《文淵閣四庫全書》本）。

60. （宋）陳起編，《兩宋名賢小集》（清《文淵閣四庫全書》本）。

61. （宋）陳起撰，《芸居乙稿》（清《文淵閣四庫全書》本）。

62. （宋）陳起撰，《芸居遺詩》（清《文淵閣四庫全書》本）。

63. （宋）趙師秀，《清苑齋詩集》（清《文淵閣四庫全書》本）。

64. （宋）吳文英、楊鐵夫箋釋，《夢窗詞全集箋釋》（龍門書店，1973 年 11 月）。

65. （宋）劉克莊，《後村大全集》（《四部叢刊》本）。

66. （宋）胡仲弓，《葦航漫遊稿》（《四庫善本叢書初編》）。

67. （宋）楊萬里，《誠齋集》（《四部叢刊初編》，據景宋鈔本景印）。

68. （宋）趙孟堅，《彝齋文集》（清《文淵閣四庫全書》本）。

69. （宋）方回，《瀛奎律髓》（《四庫善本叢書初編》）。

70. （宋）嚴羽，《滄浪詩話》（《歷代詩話》）。

71. （宋）陳嚴肖，《庚溪詩話》（《續歷代詩話》（上），藝文印書館，1971 年 10 月）。

72. （元）袁榷，《清容居士集》（清《文淵閣四庫全書》本）。

73. （清）朱彝尊，《曝書亭集》（清《文淵閣四庫全書》本）。

74. （清）厲鶚，《宋史紀事》（清《文淵閣四庫全書》本）。

75. （清）陸心源，《宋史紀事補遺、小傳補正》，（鼎文書局）。

76. （清）翁方綱，《石洲詩話》（《古今詩話叢編》，廣文書局，1971 年 9 月）。

77. （清）顧嗣立，《寒廳詩話》（《清詩話》，藝文印書館，1971 年 10 月）。

78. （清）曹庭棟編，《宋百家詩存》（清《文淵閣四庫全書》本）。

79. （清）翁方綱，《七言律詩鈔》（《蘇齋叢書》，上海博古齋影印原刊本）。

二、專　著

1. 劉國鈞，《中國書史簡編》（新華書局，1958 年 3 月）。

2. 姚名達著，《中國目錄學年表》（台北：臺灣商務印書館，1967 年 6 月）。

3. 楊立誠、金步瀛合著，《中國藏書家考略》（台北：文海出版社，1971 年 10 月出版）。

4. 劉國鈞，《中國古代書籍史話》（北京中華書局，1972 年初版，1973 年 9 月重印）。

5. 卡特著，胡志偉譯，《中國印刷術的發明及其西傳》（台灣商務印書館，1980 年 3 月二版）。

6. 張召奎，《中國出版史概要》（山西人民出版社，1980 年 6 月）。

7. 《中國圖書版本學論文選輯》（學海出版社，1981 年 10 月）。

8. 北京圖書館編，（日）勝村哲也覆刊編著，《中國版刻圖錄》（日本朋友書店出版，1983 年 9 月印行）。

9. 史梅岑，《中國印刷發展史》（台灣商務印書館，1986 年 2 月四版）。

10. 盧荷生著，《中國圖書館事業史》（文史哲出版社，1986 年 4 月）。

11. 昌彼得、潘美月著，《中國目錄學》（文史哲出版社，1986 年 9 月初版）。

12. 施廷鏞，《中國古籍版本概要》（天津古籍出版社，1987 年 8 月）。

13. 錢存訓，《中國古代書史》（藍燈文化事業公司，1987 年 9 月）。

14. 張秀民，《中國印刷的發明及其影響》（文史哲出版社，1988 年 6 月）。

15. 張秀民，《中國印刷史》（上海人民出版社 1989 年 9 月）。

16. 姚福申，《中國編輯史》（復旦大學出版社 1990 年 1 月）。

17. 安平秋、章培恆編，《中國禁書大觀》（上海文化出版社，1990 年 3 月）。

18. 來新夏等著，《中國古代圖書事業史》（上海人民出版社，1990 年 7 月）。

19. 吉少甫，《中國出版簡史》（上海學林出版社，1991 年 11 月）。

20. 劉大杰，《中國文學史》（華正書局）。

21. 陳國慶，《古籍版本淺說》（遼寧人民出版社，1957 年）。

22. 毛春翔，《古書版本常談》（上海人民出版社，1977 年 11 月）。

23. 李清志著，《古書版本鑑定研究》（台北：文史哲出版社，1986 年 9 月初版）。

24. 嚴佐之，《古書版本學概論》（華東師範大學出版社，1989 年 10 月）。

25. 李致忠,《古書版本學概論》（書目文獻出版社,1990 年 8 月）。

26. 陳宏天,《古籍版本概要》（遼寧教育出版社,1991 年 5 月）。

27. 胡平、羅偉國編,《古籍版本題記索引》（上海書店,1991 年 6 月）。

28. 北京圖書館編,《北京圖書館古籍善本書目》（北平書目文獻出版社,1987 年 7 月出版）。

29. 朱傳譽,《宋代新聞史》（台灣商務印書館,1967 年 9 月初版）。

30. 劉伯驥,《宋代政教史》（台灣中華書局,1971 年 12 月）。

31. 昌彼得等編,《宋人傳記資料索引》（鼎文書局,1975 年 6 月）。

32. 潘美月）,《宋代藏書家考》（學海出版社,1980 年 4 月）。

33. 梁昆,《宋詩派別論》（東昇出版事業公司,1980 年 5 月）。

34. 方豪,《宋史》（中國文化大學出版部印行,1988 年）。

35. 吉川幸次郎著、鄭清茂譯,《宋詩概說》（聯經出版事業公司,1988 年四版）。

36. 《宋史研究集》（國立編譯館,1991 年 4 月修訂再版）。

37. 錢鍾書,《宋詩選註》（木鐸出版社）。

38. 程千帆、吳新雷著,《兩宋文學史》（上海古籍出版社,1991 年 2 月）。

39. 胡明,《兩宋詩人論》（學生書局,1990 年 6 月）。

40. 《故宮宋版書特展目錄》（國立故宮博物院編輯委員會編輯出版,1986 年 1 月初版）。

41. 吳辰伯,《浙江藏書家史略》（文史哲出版社,1982 年 5 月）。

42. 顧志興,《浙江藏書家藏書樓》（浙江人民出版社,1987 年 11 月）。

43. 顧志興,《浙江出版史研究》（浙江人民出版社,1991 年 5 月）。

44. 萬曼撰,《唐集敍錄》（台北:明文書局,1988 年 1 月再版）。

45. 張秀民,《張秀民印刷史論文集》（印刷工業出版社,1988 年 11 月）。

46. 四川大學古籍整理研究所編,《現存宋人別集版本目錄》（1990 年 6 月）。

47. 國立中央圖書館編輯,《國立中央圖書館宋本圖錄》（1958 年 7 月）。

48. 喬衍琯、張錦郎,《圖書印刷發展史論文集續編》（文史哲出版社,1979 年 2 月）。

49. 屈萬里、昌彼得著,潘美月增訂,《圖書板本學要略》（中國文化大學出版部印行,1986 年）。

50. 潘美月著,《圖書》（台北:幼獅文化事業公司出版,1986 年 9 月初版）。

51. 羅錦堂,《歷代圖書板本志要》（國立編譯館,1984 年 10 月）。

52. 李致忠,《歷代刻書考述》（巴蜀書社 1990 年 4 月）。

53. 胡道靜主編,《簡明古籍辭典》（齊魯書社出版,1989 年 12 月初版）。

三、期刊論文

1. 潘銘燊，〈中國印刷版權的起源〉（《漢學研究》7 卷 1 期，1989 年 6 月）。
2. 張宏生，〈中國文化傳統的傾斜──論南宋江湖謁客的生活形態及其他〉（《國際宋代文化研討會論文集》四川大學出版社 1991 年）。
3. 陳植鍔，〈古籍整理與宋代文學研究〉（《古籍整理與研究》，1987 年 1 期，上海古籍出版社。
4. 費君清，〈永樂大典中發現的《江湖集》資料論析〉（《杭州大學學報》18 卷 1 期，1988 年 3 月）。
5. 〈永嘉四靈和江湖詩派〉（《兩宋文學史》，上海古籍出版社 1991 年 2 月），頁 447。
6. 翁同文，〈印刷術對於書籍成本的影響〉，《宋史研究集》第八輯。
7. 翁同文，〈印術對於書籍成本的影響〉，《宋史研究集》第八集。
8. 張宏生，〈《江湖集》編者陳起交遊者〉（《文學遺產》，1983 年 4 月 42 期）。
9. 梁守中，〈江湖詩派與江湖派詩〉（《中山大學學報》，1989 年 2 月）。
10. 費君清，〈江湖詩禍〉（《中國古代、近代文學研究》，1989 年 3 月）。
11. 張瑞君，〈江湖集、江湖前後續集的刊行及江湖派的鑑定〉（《文獻》43 期，1990 年 1 期）。
12. 張宏生，〈江湖派詩的纖巧之美〉（《遼寧大學學報》，1990 年 2 期）。
13. 劉毅強，〈江湖集叢刊所收詩人補考〉（《華東師範大學學報》，1991 年第 3 期）。
14. 胡益民、周月亮，〈江湖集編者陳起交遊續考〉（《文獻》，1991 年第 1 期，頁 16。
15. 潘美月，〈宋代私家藏書之特色〉（《書府》3 期，1981 年）。
16. 史梅岑，〈宋代版本學的文化價值〉（《藝術學報》42 期，1988 年 6 月）。
17. 史梅岑，〈宋代版本學的文化貢獻〉（《中原文獻》21 卷 4 期，1989 年 7 月）。
18. 封思毅，〈宋代圖書政策〉（《國立中央圖書館館刊》22 卷 1 期，1989 年 6 月）。
19. 胡念貽，〈宋百家詩存及其與南宋江湖前、後、續集的關係〉，《中國古代文學論稿》。
20. 李孟晉，〈宋代書禁與槧本之外流〉，《香港圖書館協會學報》4 期）。
21. 長澤規矩也撰，〈宋朝私刻本考〉（上）（昭和八年，書誌學 1-3‧5）。
22. 吳庠，〈南宋書棚本《江湖小集》記略〉（《國立中央圖書館館刊》復刊第二期，1947 年 6 月）。
23. 潘美月，〈南宋最著名的出版家〉（《故宮文物月刊》2 卷 3 期，1984 年 8 月）。
24. 沈津，〈南宋別集〉（《文獻》，1990 年 1 期）。
25. 張宏生，〈南宋江湖詩派〉（《文獻》45 期，1990 年 2 期）。
26. 張宏生，〈南宋江湖詩派的時空形態〉（《中國古代、近代文學研究》，1992 年 1

月）。

27. 胡念貽，〈南宋江湖前後續集的編纂和流傳〉（《中國古代文學論稿》，上海古籍出版社）。

28. 潘銘燊，〈書業惡風始於南宋考〉（《香港中文大學中國文化研究所學報》12 期，1981 年）。

29. 沈津，〈唐代別集〉（《文獻》，1990 年 3 期）。

30. 李曰剛，〈晚宋的江湖詩派〉（《中國詩季刊》5 卷 2 期，1985 年 6 月）。

31. 孫克寬，〈晚宋政爭中之劉後村〉，《宋史研究集》第二輯。

32. 費君清，〈對南宋江湖詩人應當重新評價〉（《文學評論》，1987 年 6 月）。

33. 繭廬，〈劉後村與四靈、江湖〉（《暢流》22 卷 3 期，1971 年）。

34. 孫克寬，〈劉後村與四靈、江湖〉（《中國詩季刊》，10 卷 3 期，（1990 年 9 月）。

35. 孫克寬，〈劉後村的家世與交游〉（《大陸雜誌》22 卷 11 期、23 卷 7 期）。

36. 葛兆光，〈趙師秀小考〉（《文學遺產》，1982 年 1 月）。

37. 丁夏，〈趙師秀生年小考〉（《文學遺產》，1983 年 4 月 42 期）。

38. 胡益民，〈趙師秀交遊考〉（《文獻》，1991 年 2 期）。

39. 費君清，〈論《江湖小集》非陳刻《江湖集》〉（《文學遺產》，1989 年 4 月）。

40. 張宏生，〈論江湖派詩的政治內涵及其他〉（《文學遺產》，1990 年 1 期）。

41. 張宏生，〈論江湖詩派追求眞率的審美情趣〉（《東岳論叢》，1990 年 3 月）。

42. 張瑞君，〈論江湖派的詩歌淵源及在文學史上的地位〉（《河北大學學報》，哲社版，1992 年 1 月）。

43. 漆俠，〈關于南宋農事詩——讀南宋六十家集兼論江湖派〉（《河北學刊》，1988 年 5 月）。

四、學位論文（依出版時間先後）

1. 周彥文，《毛晉汲古閣刻書考》（東海大學中文研究所碩士論文，1980 年）。

2. 顧力仁，《永樂大典及其輯佚書研究》（文化大學史學研究所碩士論文，1981 年）。

3. 鄭亞微，《南宋江湖詩派研究》（政治大學中文研究所博士倫文，1981 年）。

4. 陳昭珍，《明代書坊之研究》（台大圖書館研究所碩士論文，1984 年）。

5. 張宏生，《江湖詩派研究》（南京大學中文研究所博士論文，1989 年）。

6. 蔡文晉，《宋代藏書家尤袤研究》（東吳大學中文研究所碩士論文，1991 年）。

書影一：唐求詩　宋刻本

唐求詩集

曉發

旅館候天曙整車趨遠程幾處曉鐘斷半橋殘
月明沙上鳥猶在渡頭人未行去去古塚道
斷二兩聲

客行

上山下山去千里萬里愁樹色野橋堕葉
館秋南北眼前道東西江畔舟世人重金三無

金徒遠游

題鄭處士隱居

書影二：唐周賀集　宋臨安府陳宅書籍鋪刻本

周賀詩集

留辭杭州姚合郎中
波濤千里隔抱疾亦相尋會宿逢高燒辭歸值
積霖叢桑出店迴孤燭海船深尚有重來約知
無省閣心

酬吳之問見贈
已當聽鴈夜多事不同居故疾離城晚秋霖見
月踈趁風開靜户帶華卷閑書湯薬期南去荒
園久廢鋤

寄姚合郎中

書影三：唐周賀集　宋刊書棚本

周賀詩集

留辭杭州姚合郎中

波濤千里隔　抱疾亦相尋　會宿逢高燒　辭歸值
積霖　叢桑山店迥　孤燭海船深　尚有重來約　知
無省閣心

酬吳之問見贈

已當聽鴈夜　多事不同居　故疾離城晚　秋霖見
月疎　趁風開靜戶　帶葉卷閑書　湯槳期南去　荒
園久廢鋤

寄姚合郎中

書影四：碧雲集　清琴川張氏小琅嬛福地影抄南宋書棚本，清李學博手書題記

碧雲集卷上

登仕郎守新淦縣令知鎮事賜緋魚袋李中

春日作

和氣來無象物情還暗新乾坤一夕雨草木萬

方春染水煙光媚催花鳥語頻高臺曠望處歌

詠屬詩人

寒江暮泊寄左偓

維舟蘆荻岸離恨若為寬煙火人家遠汀洲暮

雨寒天涯孤夢去蓬底一燈殘不是憑驄雅相

思寫亦難

書影五：碧雲集　宋陳宅書籍鋪刊本

余既收菟圃所藏二李集狂喜累日遂以名吾藏
書之所曰羣碧樓始亦姑漫名之既見菟圃所刻
一序曰碧雲羣玉之居 今年余為張菊生前輩作目表
菟圃舊物 此兩書中皆鈐之然考碧雲尚在菟圃
羣玉已入南唐論至後先余之命名為較未為
苕江建報前輩刊五十唐人集皆用棚本惜未見
其真而他日余當景刊三李以興好古之士一瞻
對也 戊午三月裝成未題　庚申十月羣碧居士補記

書影六：唐女郎魚玄機詩　宋陳宅書棚本

唐女郎魚玄機詩

賦得江邊柳

翠色連荒岸煙姿入遠樓影鋪秋水面花落釣
人頭根老藏魚窟枝低繫客舟蕭蕭風雨夜驚
夢復添愁

贈鄰女

羞日遮羅袖愁春懶起粧易求無價寶難得有
心郎枕上潛垂淚花間暗斷腸自能窺宋玉何
必恨王昌

寄國香

書影七：唐朱慶餘詩集　宋陳宅書棚本

朱慶餘詩集

泛溪

曲渚迴花舫生衣卧向風鳥飛溪色裏人語棹
聲中餘卉繞分影新蒲貝作叢前灣更幽絕雖
淺去猶通

宿陳處士書齋

結茅當此地下馬見高情孤葉寒塘晚杉陰白
石明向爐新茗色隔雪遠鐘聲閉得相逢少吟
多寐不成

上宣州沈大夫

書影八：唐朱慶餘詩集　南宋刊書棚本

朱慶餘詩集

泛溪

曲渚迴花舫生衣卧向風鳥飛溪色裏人語棹
聲中餘卉繞分影新蒲自作叢前灣更幽絕雛
淺去猶通

宿陳處士書齋

結茅當此地下馬見高情孤葉寒塘晚杉陰白
石明向爐新茗色隔雪遠鐘聲閒得相逢少吟
多寐不成

上宣州沈大夫

書影九：李推官披沙集　宋陳宅書棚本

唐李推官披沙集卷第四

隴　西　李　　　　咸用

登樓值雨

共訏高樓望斥廬色巳空白雲橫野闊遮岳與
天同數點兩入酒滿襟香在風遠江吟得出方

下郡齋東

江徽多佳景秋吟典未窮送來松檻雨半是蔘
花風浪猛驚翅鷺煙昏叫斷鴻不知今夜客幾

處臥鳴蓬

送趙舒處士歸廬山

書影十：常建詩集　宋臨安書棚本

無征戰兵　非爲日月光

北海陰風動地來明君祠上望龍堆髑髏皆是

長城卒日暮沙場飛作灰

龍鬭雌雄勢已分山崩鬼哭恨將軍黃河直北

千餘里冤氣蒼茫成黑雲

因嫁單于怨在邊蛾眉萬古葬胡天漢家此去

三千里青塚常無草木煙

常建詩集卷上

臨安府棚北大街睦親坊南陳宅刊印

書影十一：石屏詩續集　影鈔宋陳宅書棚本　清·黃丕烈手跋（10598）

石屏續集卷第一

天台戴復古式之

客行河水東

客行河水東客行河水西客行河
水北行行無巳時朱顏變老色至人樓一方庭
戶羅八極保心如止水不受萬物役有道肥其
軀故能適所息。

鳳鳴有吉凶

鵲噪令人喜鴉噪令人憎人心自分別吉凶屬

禽聲舜時有鳳鳴文王時亦鳴漢時鳳亦鳴六

二十

書影十二：唐李群玉詩集　宋陳宅書棚本

光緒三十二年丙午五月滬寓收 [印]

此百宋一塵舊物也莧圃前後題跋皆滿乃不見錄於

潘鄰齋尚書所刊士禮居題跋中自注闐源後吳中

藏家俱未之見莧圃因此書晚其後散出未知流筱

何所光緒乙巳余蒞端忠敏之約將游歐美書友柳

蓉邨持此與碧雲集同來謂莧圃重視二李匝於

他亦讀其跋語良信时方戒裝而及議價還之明

年胃歸國玉滬而蓉邨又以書要挶客邸云物存

書影十三：唐李群玉詩集　清琴川張氏小琅嬛福地影抄宋書棚本　清單學傅手書題記

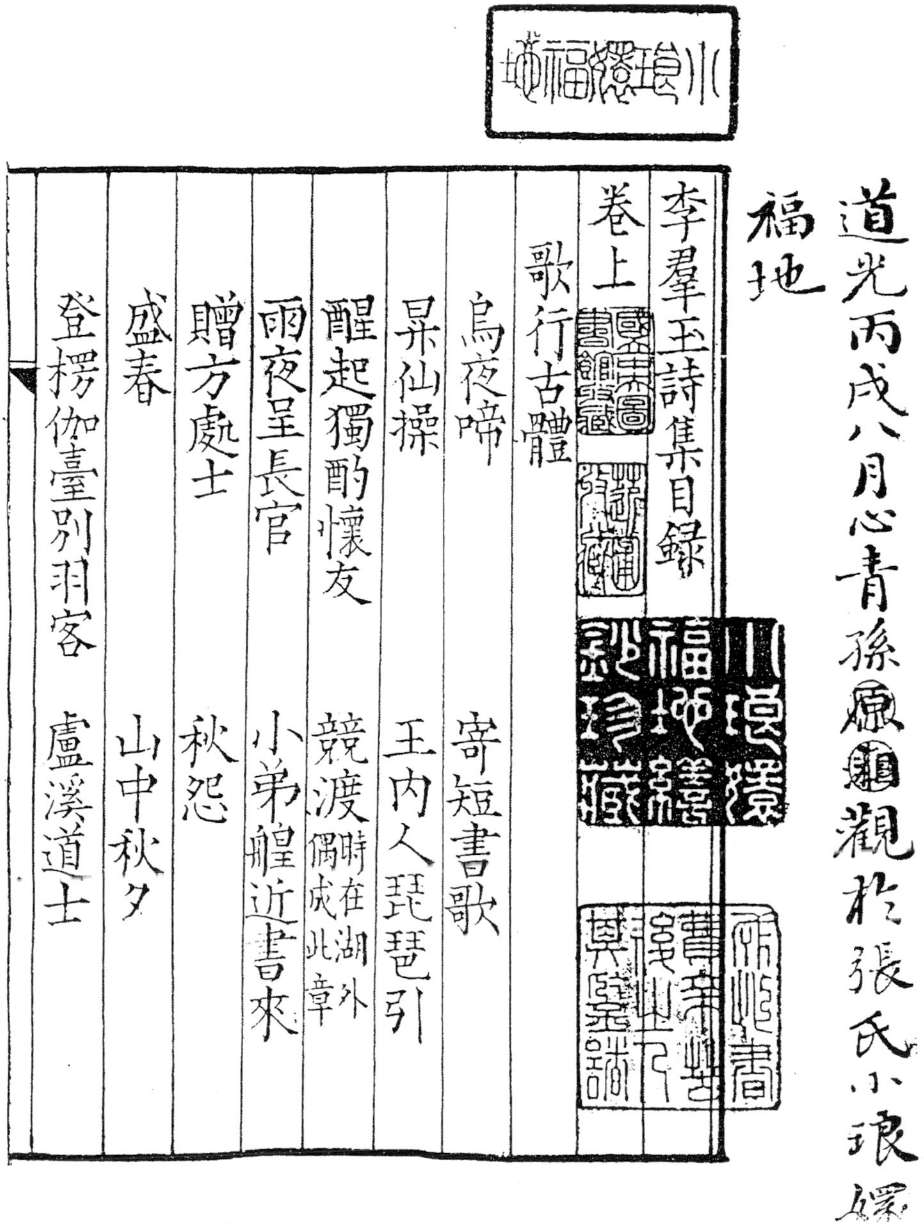

李羣玉詩集目録
卷上
歌行古體
烏夜啼　寄短書歌
昇仙操　王內人琵琶引
醒起獨酌懷友　競渡時在湖外偶成此章
雨夜呈長官　小弟艎近書來
贈方處士　秋怨
盛春　山中秋夕
登撈伽臺別羽客　盧溪道士

書影十三之一：唐李群玉詩集　清琴川張氏小琅嬛福地影抄宋書棚本　清單學傅手書題記

李羣玉詩集卷上

歌行古體詩

烏夜啼

層波隔夢時一望青楓林有鳥在其間達曉自
悲吟是時月黑天四野煙雨深如聞生離哭其
聲痛人心悄悄夜正長空山響哀音遠客不可
聽坐愁華髮侵既非蜀帝魂恐是恒山禽四子
各分散母聲猶至今

寄短書歌

骨肉萍蓬各天末十度附書九不達孤臺冷眼

書影十四：汶陽端平詩雋　傳鈔宋臨安府陳道人書籍鋪本

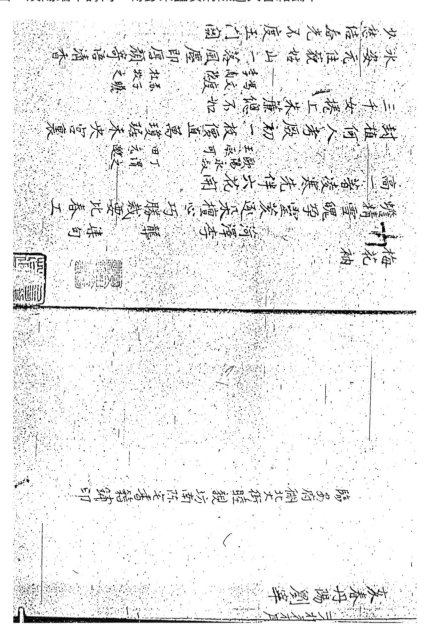

書影十五：校宋本唐僧弘秀集　宋寶祐六年臨安府陳解元宅書籍鋪刊本

唐　弘秀集卷第九　　漪澤秀葉　和效編

卿雲四首

長安言懷寄沈彬侍郎

故園梨嶺下歸路接天涯生作長安草勝為邊
地花鴈南飛不到書北寄來賒堪羨神仙客畫
雲　　　致家

秋日江居閑詠

寄　江島邊閑詠幾秋殘草白牛羊瘦風前
烏寒撿方醫故疾挑薺備中餐時復傳書

書影十六：校宋本唐僧弘秀集　宋寶祐六年臨安府陳解元宅書籍鋪刊本

唐僧弘秀集卷第一

菏澤李　邯　和父編

皎然七十首

憂銅椀爲龍吟歌并序

唐故太尉房公琯早歲曾隱終南山峻壁之
下往往聞龍吟聲清而靜滌人邪想時有好
事僧潛憂以三金寫之惟銅聲酷似他日房
公偶至山寺聞林嶺間有此聲乃曰龍吟後
選于玆矣僧因之出其器以告公公命憂之
驚曰真龍吟也大曆十三載秦僧傳至桐江

書影十七：唐王建詩集　宋臨安府陳解元宅刻本

王建詩集卷第五

律詩

杜中丞書院新移小竹

此地本無竹遠從山寺移經年求養法隔日記

澆時嫩綠卷新葉殘黃收故枝色經寒不動聲

與靜相宜愛護出常數稀稠看自知貧家綠未

有客散獨行遲

同于汝錫賞白牡丹

曉日花初吐春寒白未凝月光栽不得蘇合點

難勝柔膩於雲藥新鮮掩鶴膺統心黃倒暈側

書影十八：唐韋蘇州集　宋書棚本

韋蘇州集卷第一

蘇州刺史韋應

古賦一首

冰賦

夏六月白日當午火雲四至金石灼爍炎泉潛
沸雖深居廣廈珍簟輕箑而亦懊懊煩煥不能
和平其氣陳王於是登別館散幽情招親友以
高會尊仲宣為客卿睹頷冰之適至喜煩暑之
暫清王乃誇賓而歌曰含皎皎兮瓊王姿氣凄
凄兮奪天時飲之瑩骨兮何所思可進於賓請

書影十九：唐韋蘇州集　宋書棚本

韋蘇州集卷第一

蘇州刺史韋　應物

古賦一首

冰賦

夏六月白日當午火雲四至金石灼爍之泉潛

沸雖深居廣廈珍簟輕箑而亦鬱鬱煩煩不能

和平其氣陳王於是登別館散幽情招親友以

高會尊仲宣爲客卿賭頷冰之適至喜煩暑之

暫清王乃誇賓而歌曰含皎皎兮瓊玉姿氣凄

凄兮奪天時飲之瑩骨兮何所思可進於賓請

書影二十：張司業詩集　宋臨安陳氏書籍鋪刊本

張司業詩集卷下

君勿歎息

階除殘蘂在猶稀青條聳復直為君結芳實念

大樹花墜地無顏色日暮東風起飄揚三

惜花

絃美人遙望西南天

里中荒大宅朱門已除十二戟高堂舞榭鎖管

送者郵夫防吏忽喧驅往往驚墮馬蹄下長安

命不得留身有青衫時惡馬東門之東無

書影二十一：權德輿集　明覆刊宋書棚本

權德輿集卷上

賦

傷馴烏賦

紛羽族之多端兮同翔飛而類殊有鶺鴒之微
禽亦揩質於洪鑪因稚子之嬉遊得大國之盜
雖恣飲啄以馴擾來日前與坐隅爾介樓以等
搊綏其羽翼皙軒以爲娛俾迓息
踉蹌而將舉頤禍祕而復息雖主人之見容
使翬天和於自得或親賓至止徹軫涂隔興舟閒
絃而鼓罷亦遄節而翹足貌死轉成悲聲聞

書影二十二：東山詞　宋刻本

記採蘭掘手

自怨別蹀行樂被無情雙燕說誰念東

陽消瘦骨更堪白紵衣衫薄向小院題徧杏花

感傷春作

橫塘路 青玉案

凌波不過橫塘路但目送芳塵去錦瑟華年誰

與度月橋花院瑣窗朱戶只有春知處　飛雲

冉冉衡皐暮綵筆新題斷腸句若問閒情都幾

許一川煙草滿城風絮梅子黃時雨

人南渡 感皇恩

書影二十三：游宦紀聞　紹定臨安書棚本

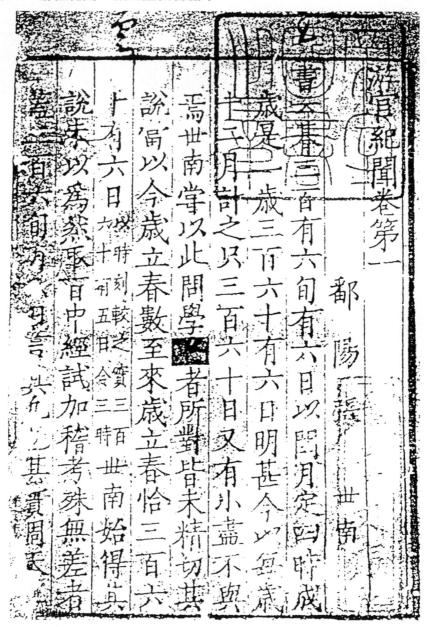

書影二十四：河嶽英靈集　明覆刊宋書棚本

河嶽英靈集中

唐丹陽進士殷 璠集

岑參

參詩語奇體峻意亦造奇至如長風吹白
茅野火燒枯桑可謂逸才又山風吹空林
颯颯如有人宜稱幽致也

終南雙峯草堂作

欲跡歸山田息心謝時輩蕢還草堂卽但與雙
峯對盟求恣佳遊事愜符勝槩著書高窗下日
汲見城內塵囂爲世人誤遂頃平生愛久與林壑

書影二十五：河嶽英靈集　明覆刊宋書棚本

河岳英靈集上

常建

高才而無貴仕誠哉是言曩劉楨死於文學
左思終於記室鮑昭卒於參軍今常建亦淪
於一尉悲夫建詩似初發通莊却尋野徑百
里之外方歸大道所以其言遠其興僻佳句
輒來唯論意表至如松際露微月清光猶為
君又山光悦鳥性潭影空人心此例十數句
並可稱警策然一篇盡善者戰餘落日黃軍
敗鼓聲死今與山鬼鄰殘兵哭遠水屬思旣

書影二十六：國秀集　明覆刊宋書棚本

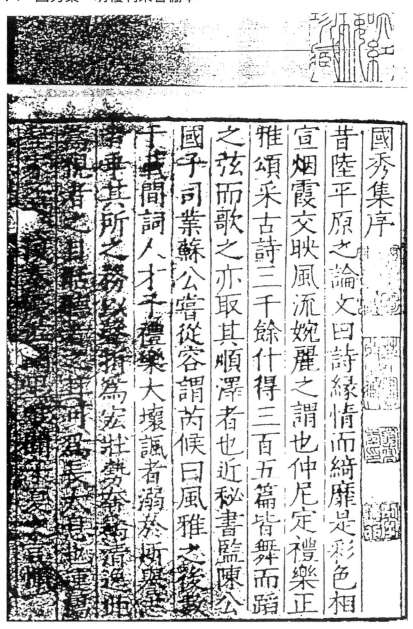

書影二十七：丁卯詩集　清初常熟錢氏也是園影鈔宋臨安府陳宅經籍鋪刊本，近人袁克文手書題記

丁卯集卷上　郢州刺史許渾

七言雜詩

凌歊臺（當塗縣西宋高祖築）

宋祖凌高樂未回三千歌舞宿層臺湘潭雲盡
暮山出巴蜀雪消春水來行殿有基荒薺合
園無主野棠開百年便作萬年計品畔古碑

綠苔

驪山

聞說先皇醉碧桃日華浮動（一作鬱金袍風隨）艷

書影二十八：李丞相詩集　宋臨安府陳宅經籍鋪刊本

李丞相詩集卷上

隴西李建勳

詩四十四首

中酒寄劉行軍

甚矣頻頻醉神昏體亦虛肺傷徒問藥髮落不
盈梳戀寢嫌明室修生媿道書西峰老僧語相
勸合何如

白鷺

鷺毛羽何皎潔薄暮浴清波斜陽共

東溪

明滅差池失羣久幽獨依人　旅食賴菰蒲單

書影二十九：李丞相詩集　南宋刊書棚本

李丞相詩集卷上　隴西李　建勳

詩四十四首

中酒寄劉行軍　西京

甚矣頻頻醉神昏體亦虛肺傷徒問藥鬌落不
盈梳戀寢嫌明室修生媿道書西峯老僧語相
勸合何如

白鷹

東溪

鷹毛羽何皎潔薄暮浴清波斜陽共
明滅差池失羣久幽獨依人　旅食賴菰蒲單

書影三十：圖畫見聞志

圖畫見聞誌第四

紀藝下

山水門
人僧附
九二十四

范寬　　劉永　　王端　　翟院深

燕貴　　許道寧　紀真　　黃懷玉

商訓　　丘訥　　龐崇穆　李隱

高克明　屈鼎　　郝銳　　梁忠信

李宗成　郭熙　　董羽　　侯封

符道隱　擇仁　　巨然　　繼肇

范寬字中立華原人工畫山水理通神會奇能絕世
體與關李特異而格律相抗
寬儀狀峭古進
叙論卷中巳述

書影三十一：金壺記　孝宗以後刊本

書影三十二：書苑菁華　宋刻本

書苑菁華卷第八

書譜

唐吳郡孫過庭撰

錢塘陳　思　纂次

夫自古之善書者漢魏有鍾張之絕晉末稱二王之
妙王羲之云頃尋諸名書鍾張信爲絕倫其餘不足
觀可謂鍾張亡沒而羲獻繼之又云吾書比之鍾張
鍾當抗行或謂過之張草猶當鴈行然張精熟池水
盡墨假令寡人耽之若此未必謝之此乃推張邁鍾
之意也考其專擅雖未果於前規摭以兼通故無慙
於即事評者云彼之四賢古今特絕而今不逮古古